LE PLUTARQUE

DE

LA JEUNESSE.

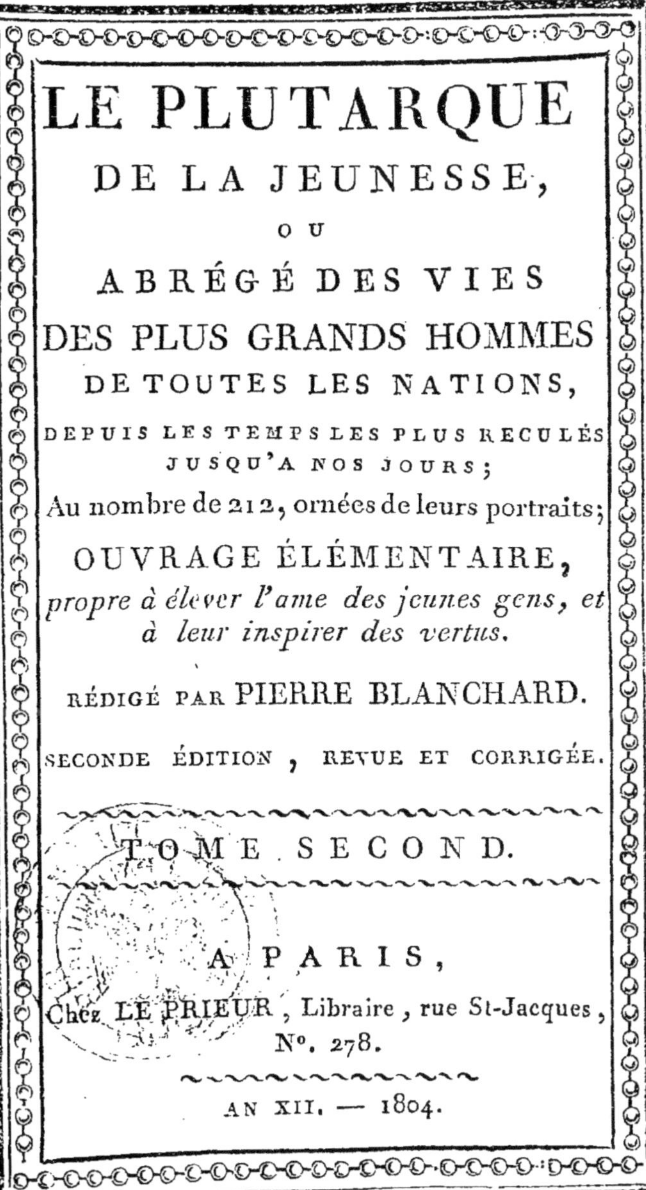

LE PLUTARQUE DE LA JEUNESSE,

OU

ABRÉGÉ DES VIES DES PLUS GRANDS HOMMES DE TOUTES LES NATIONS,

DEPUIS LES TEMPS LES PLUS RECULÉS JUSQU'A NOS JOURS;

Au nombre de 212, ornées de leurs portraits;

OUVRAGE ÉLÉMENTAIRE,

propre à élever l'ame des jeunes gens, et à leur inspirer des vertus.

RÉDIGÉ PAR PIERRE BLANCHARD.

SECONDE ÉDITION, REVUE ET CORRIGÉE.

TOME SECOND.

A PARIS,

Chez LE PRIEUR, Libraire, rue St-Jacques, N°. 278.

AN XII. — 1804.

T. II. Pag. 1.ère

P. Scipion Nasica.
Caton le Censeur.
Térence.
Plaute.
Paul Emile.
Scipion l'Africain.

LE PLUTARQUE

DE LA JEUNESSE,

OU

VIES DES PLUS GRANDS HOMMES

DE TOUTES LES NATIONS.

PUBLIUS SCIPION,

surnommé L'AFRICAIN,

GÉNÉRAL ROMAIN.

Né vers 234 avant l'ère vulgaire.

PUBLIUS CORNÉLIUS SCIPION, fils de P. Corn. Scipion Nasica, montra dès ses plus jeunes années les grands talens, le dévouement et cette fermeté de courage qui sauvèrent la république romaine. Il naquit dans un temps fécond en grands hommes, et se plaça au premier rang : ce fut enfin le vainqueur d'Annibal.

Il n'avait encore que dix-sept ans lorsque, faisant sa première campagne dans les commencemens de la guerre punique, il sauva la vie à son père qui était alors consul : ce fut à la bataille qu'Annibal donna aux Romains près du Tésin. Le consul ayant reçu une blessure, fut sur le point d'être pris par un gros d'ennemis : le jeune Scipion, apprenant le danger que courait son père, s'élança au milieu des ennemis, renversa ou fit fuir tout ce qui s'opposait à son passage, et ramena son père au milieu des Romains. Bientôt après il montra quelle était la fermeté de son ame et son amour pour la patrie : ce fut après la bataille de Cannes, et il était alors tribun dans une légion. Il s'était retiré à la fin de cette fameuse journée, comme beaucoup d'autres officiers, dans une ville voisine qui tenait encore pour les Romains. Le jeune Scipion apprit que ces officiers, qui étaient des premières maisons de Rome, et la seule ressource de la république, s'étant assemblés chez un certain *Métellus*, et désespérant du salut de l'état, faisaient dessein de s'embarquer au premier port et d'abandonner l'Italie. Un si lâche complot excita toute son indignation ; il résolut de s'y opposer au péril même de sa vie ; et se tournant vers d'autres officiers qui se trouvaient chez lui : *Que ceux*, leur dit-il, *à qui le salut de Rome est cher, me suivent !* Il sort, va droit dans la maison où se tenait ce conciliabule, y entre, et mettant l'épée à la main : *Je jure*, s'écrie-t-il, *que je n'abandonnerai jamais la république, et que je ne souffrirai point qu'aucun de nos citoyens l'abandonne* ; et s'adressant ensuite à Métellus : *Il faut*, lui dit-il, *que toi et ceux qui sont ici fassiez le même serment, ou vous perdez la vie.* La force avec laquelle il prononça cette menace, son zèle pour la patrie, effrayèrent les coupables et les ramenèrent à l'instant à des sentimens plus honorables ; ils répétèrent le serment du jeune héros, et effacèrent un moment de faiblesse par une valeur qui ne se démentit plus. Ce fut ainsi que Scipion, qui devait délivrer l'Italie de son plus redoutable ennemi, commença peut-être par la sauver.

Ses vertus militaires et civiles lui donnèrent bientôt une réputation méritée parmi les Romains. Dans sa vingt-unième année il se présenta pour obtenir la charge d'édile, que l'on ne pouvait obtenir avant vingt-sept ans : les tribuns s'opposèrent à sa demande, apportant pour raison qu'il n'avait pas l'âge compétent pour exercer. *Mais si tous les Romains veulent me nommer édile*, dit Scipion, *j'aurai assez d'âge ; laissez-moi donc les consulter à ce sujet.* Il n'eut pas plutôt manifesté son desir, que toutes les tribus s'empressèrent de lui donner leurs suffrages, tant il était déjà en estime parmi ses concitoyens.

Corn. Scipion, son père, et Cnéus, son oncle, avaient péri en Espagne, où ils commandaient les armées de la république. L'embarras fut grand quand on chercha un successeur à ces deux hommes du premier mérite ; personne n'osait se charger d'une entreprise où ils avaient succombé : P. Corn. Scipion, qui alors avait à peine vingt-quatre ans, voyant la consternation générale, se lève et s'offre d'aller commander en Espagne, si le peuple agrée son service. Cette offre qui, dans la circonstance, fut moins dictée par l'ambition que par le courage et le zèle, fut accueillie avec transport; et le jeune Romain fut nommé d'une voix unanime général pour l'Espagne. Bientôt, la première chaleur étant évaporée, on fit réflexion à son âge, et les craintes succédèrent à l'espérance. Scipion s'étant apperçu de ce refroidissement, fit un discours si plein de confiance, et parla avec tant de sagesse et de son âge et de l'honneur qu'on lui avait fait, et de la guerre qu'il entreprenait, qu'il dissipa tout-à-fait les alarmes du peuple, et ralluma cette ardeur qui l'avait porté à lui donner le commandement.

Les promesses qu'il avait faites ne furent pas vaines : arrivé à la tête des troupes romaines, qu'il trouva dans le plus mauvais état, il rétablit la confiance et la discipline, battit les généraux ennemis en plusieurs rencontres, et en cinq ans il chassa d'Espagne jusqu'au dernier Carthaginois. La plus forte et la plus riche ville de ces contrées était Carthagène; il l'emporta en un jour. Le butin qu'il fit fut immense; il en employa une partie à récompenser son armée, pour lui inspirer une nouvelle ardeur; et pour gagner les cœurs des peuples chez lesquels il se trouvait, il fit venir devant lui les otages et les prisonniers, les rassura, leur dit que Rome préférait des amis et des alliés à des esclaves, et les renvoya sans en exiger de rançon. Cette clémence lui valut encore plus qu'une victoire.

Ce fut en cette occasion qu'une dame respectable par son âge et par sa naissance, femme de *Mandonius*, frère *d'Indibilis*, roi des Ilergètes, vint se jeter à ses pieds avec plusieurs jeunes princesses, filles d'Indibilis et d'autres de même qualité, pour le prier d'ordonner à ses gardes d'en prendre un soin particulier. Elles sont jeunes, belles et captives, ajouta-t-elle; elles ont tout à craindre. *Ma gloire et celle du peuple romain*, répondit Scipion, *est de faire respecter parmi nous ce qui doit être respecté en quelque lieu du monde que ce soit. Mais vous me fournissez un nouveau motif d'y veiller encore avec plus de soin, par l'attention vertueuse que je remarque en vous, à ne penser qu'à la conservation de votre honneur, au milieu de tant d'autres sujets de crainte.* Il les confia ensuite à un officier d'une sagesse reconnue, et lui ordonna d'avoir pour elles les mêmes égards que si elles appartenaient à des amis ou à des alliés des Romains.

Après cela on lui amena une princesse d'une rare beauté. Elle était fiancée avec *Allucius*, prince des Celtibériens. Il fit aussitôt venir ses parens avec celui qui lui était destiné pour époux. Il marqua à ce dernier, que son épouse avait été dans sa maison comme elle aurait pu être dans celle de son père. *J'en ai usé ainsi*, ajouta-t-il, *pour être en état de vous faire un présent digne de vous et de moi. Je ne vous demande d'autre marque de reconnaissance, sinon que vous deveniez ami du peuple romain.* Comme les parens de la fille pressaient Scipion d'accepter la somme considérable qu'il avaient apportée pour la racheter, ayant fait mettre à ses pieds tout cet or et cet argent : *J'ajoute*, dit-il en s'adressant à Allucius, *cette somme à la dot que vous devez recevoir de votre beau-père ;* et il l'obligea de l'emporter. Cette noble générosité ne fut pas perdue pour le jeune héros : il vit bientôt le prince revenir avec une troupe choisie, se placer sous ses ordres, et se dévouer entièrement à lui. Le bruit de sa bonté et de ses bienfaits lui fit bientôt plus d'amis que la force de ses armes ne lui soumettait d'ennemis.

La réputation brillante qu'il avait acquise le précéda à Rome, et disposa tous les esprits en sa faveur. A son retour, il fut élu consul, et eut la province de Sicile pour département. C'était un acheminement certain pour passer en Afrique, et il ne dissimulait pas que c'était là son dessein. Il y trouva beaucoup d'opposition : Fabius Maximus, soit par une jalousie secrète, soit par cet esprit de circonspection qui le guidait en tout, fut celui qui mit plus d'obstacles à ses projets. Enfin le génie de Rome l'emporta, et le sénat arrêta que Scipion aurait pour province la Sicile, avec permission de passer

en

en Afrique, s'il le jugeait utile au bien de la république.

Cependant, comme son entreprise paraissait téméraire, la république ne voulut, au commencement, lui fournir ni troupes ni argent. Sa réputation, sa valeur et son affabilité lui donnèrent des soldats. C'était à qui prendrait parti sous un aussi grand capitaine : il eut bientôt une armée considérable. C'était un autre Annibal ; il en avait toutes les vertus sans en avoir les défauts. Il aborda en Afrique pendant que les Carthaginois continuaient la guerre en Italie. Il battit Asdrubal, un des meilleurs généraux ennemis, et vainquit *Syphax*, roi de Numidie, qui d'abord avait été allié des Romains. Cette première victoire lui donna les plus grands avantages ; une seconde fit trembler Carthage : elle ne vit plus d'espoir que dans Annibal, qu'elle se hâta de rappeler dans ses murs pour la défendre. Annibal ne quitta qu'avec regret l'Italie, après s'y être maintenu avec gloire pendant seize ans. Ces deux généraux eurent une entrevue pour tâcher d'amener à la paix les deux nations ; mais ils ne purent s'accorder sur rien : le fer décida de leur sort. On en vint aux mains près de Zama. Il était question de l'empire et de la liberté, et de part et d'autre tout fut mis en œuvre pour emporter l'avantage : la victoire fut pour Scipion. Carthage perdit quarante mille hommes, dont vingt mille furent tués et autant prisonniers, et se vit contrainte d'accepter les conditions de paix les plus dures. Ses vaisseaux, qui faisaient sa richesse et sa force, furent brûlés; elle paya des sommes immenses, et n'eut plus la liberté d'envoyer des ambassadeurs sans la permission expresse du sénat romain.

Des services aussi grands valurent à Scipion le triomphe le plus magnifique que l'on eût encore vu, et le surnom d'*Africain* : il obtint en outre le consulat. Mais son bonheur était au dernier période, ses envieux tâchèrent de le troubler. Il n'opposa à leur méchanceté qu'une modération qui donna un nouveau lustre à sa gloire. Dans ce temps, *Lucius Scipion*, son frère, alors consul, obtint, par son crédit, le département de la Grèce et la conduite de la guerre contre *Antiochus*, roi de Syrie. Le vainqueur d'Annibal avait promis d'être le lieutenant de Lucius, et il tint sa promesse. Par ses conseils, Antiochus fut vaincu, et une grande partie de la gloire de cette expédition rejaillit sur lui. Il montra, dans le cours de cette guerre, combien son ame était noble et désintéressée. Antiochus, connaissant son autorité dans Rome, lui fit proposer des conditions de paix peu avantageuses à la république, mais flatteuses pour lui; il lui proposait de rendre sans rançon son fils encore jeune, pris au commencement de la guerre, et il lui offrait de partager avec lui les revenus de son royaume: Scipion fit répondre au roi que, comme père et particulier, il ne manquerait aucune occasion de lui marquer sa reconnaissance, mais qu'il ne devait rien attendre de lui comme homme public et commandant.

Malgré un aussi beau désintéressement, Scipion n'en fut pas moins accusé, à son retour à Rome, d'avoir eu des intelligences avec Antiochus; les deux *Petilius*, tribuns du peuple, furent ses accusateurs, et trouvèrent dans les Romains assez d'ingratitude pour s'en faire entendre. Le sauveur de l'Italie fut cité devant le peuple comme un coupable : il y parut, et loin de se défendre, il rappela ce qu'il avait fait pour sa patrie, et fut couvert d'applaudissemens. Le premier jour s'étant écoulé sans qu'on eût rien fini, on le cita pour un autre jour ; il parut encore, et ayant fait faire silence, il dit : *Tribuns, et vous Romains qui m'environnez, c'est à pareil jour que j'ai vaincu Annibal et Carthage : celui-ci ne doit être employé qu'à rendre des actions de graces ; accompagnez-moi donc au Capitole.* Les grands souvenirs qu'il réveilla firent une profonde impression, et tout le monde le suivit au Capitole ; les tribuns seuls et leurs esclaves restèrent sur la place. Depuis ce jour, qu'on peut regarder comme le dernier d'une aussi belle vie, il se retira à Literne, pour éviter la jalousie et la malignité de ses accusateurs, avec résolution de ne point se trouver au jugement de sa cause, qui avait été remise. Son frère rejeta son absence sur une maladie fâcheuse qui ne lui permettait pas de venir à Rome. Ses accusateurs voulaient qu'on l'amenât de force ; mais *Tit. Sempronius Gracchus*, qui jusqu'alors s'était montré son ennemi, prit sa défense, et montra combien il serait odieux pour Rome de laisser réduire à cette humiliation celui qui avait défait quatre généraux carthaginois, taillé en pièces et mis en fuite quatre grandes armées dans l'Espagne, vaincu Syphax, Annibal et Antiochus. N'y a-t-il donc point de mérites, point d'honneurs, s'écria-t-il, qui puissent procurer aux grands hommes une retraite assurée, et comme un asyle secret et inviolable où leur vieillesse, si l'on ne peut se résoudre à la respecter, soit au moins à couvert d'insulte et d'outrage? Ce discours produisit son effet, et le plus grand homme de son temps put mourir en paix dans sa retraite, où il passa ses derniers jours à faire cultiver ses champs. Sa mort arriva dans sa cinquante-quatrième année, l'an 180 avant l'ère vulgaire. Il avait pris soin lui-même de se faire élever un tombeau pour dérober sa dépouille mortelle à une patrie que son ingratitude rendait indigne de la posséder.

Son frère, que l'on avait surnommé l'*Asiatique*, ne fut pas mieux récompensé que lui. *Caton* le censeur fit porter une loi pour informer des sommes d'argent qu'il avait reçues d'Antiochus, et on le condamna à une grosse amende, pour le même prétendu crime de péculat dont on avait accusé son frère. Ses biens furent vendus, et leur modicité le justifia : il ne s'y trouva pas de quoi payer la somme à laquelle il avait été condamné.

MARCUS PORTIUS CATON,

LE CENSEUR,

Né l'an 234 avant l'ère vulgaire.

CATON, originaire de Tusculum, vécut chez les Sabins dans sa première jeunesse, et avant d'aspirer aux emplois, parce qu'il possédait dans leur pays un fonds de terre que son père lui avait laissé. *L. Valerius Flaccus*, qui depuis fut son collègue dans le consulat et dans la censure, le détermina par ses instances à se transporter à Rome, et à se produire au barreau. Caton y acquit en peu de temps une grande réputation; il avait beaucoup de facilité à parler, et son éloquence était pleine et forte. Il réussit également dans les exercices militaires : il fit sa première campagne à l'âge de dix-sept ans. Il fut tribun des soldats en Sicile, sous les consuls Q. Fabius Maximus et M. Claudius Marcellus. A son retour de cette province, il suivit l'armée de *C. Claudius Néron*, et se signala beaucoup par ses services à la journée de Sienne, où périt Asdrubal, frère d'Annibal. La nature et ses mœurs en avaient fait un excellent soldat : il était fort, robuste, et s'était accoutumé à une si grande sobriété, que les privations le touchaient à peine. Il allait à pied, portait lui-même ses armes, et n'était volontiers accompagné que d'un esclave, contre lequel il ne se fâchait jamais, quelque chose qu'il lui préparât pour ses repas. En campagne, il ne buvait que de l'eau ; seulement il y mêlait du vinaigre quand il était altéré, et prenait un peu d'un vin médiocre s'il se sentait affaibli. Dans le combat, sa figure et sa voix étaient terribles, son bras ne cessait de frapper, et il eût mieux aimé périr que de reculer un instant. Ses forces répondaient heureusement à son courage.

Le sort l'ayant fait questeur du consul Scipion l'Africain, il ne put s'accorder avec lui. Scipion, quand il s'agissait de faire réussir ses projets, ménageait peu les deniers publics, et il avait même coutume de dire que c'était des choses qu'il avait faites, et non de l'argent qu'il avait dépensé, qu'il devait rendre compte à l'État. Caton, au contraire, qui semblait ne rien craindre tant que la dépense, ne put soutenir le spectacle de cette prodigalité, et revint à Rome déclamer contre Scipion.

A le bien considérer, son goût pour l'épargne était une véritable avarice. Né avec peu de bien, il avait très-sagement agi en le faisant valoir de son mieux ; mais il ne sut point mettre de bornes à son desir, qui n'était pas précisément d'amasser, mais d'accroître et de conserver : il redoutait presque la jouissance. Quoiqu'il se contentât de peu, qu'il eût une maison petite et une table frugale, il travaillait comme si rien n'eût suffi à sa dépense : il fut même dans sa vieillesse, après avoir occupé les premiers emplois de la république, jusqu'à prêter son argent à usure. On ne peut pas trop l'en blâmer, puisqu'il ne faisait rien contre les lois ; mais cette avidité montre que son cœur n'était pas entièrement généreux. Ce même homme, qui laissait voir un si vilain défaut dans sa maison, était cependant celui qui respectait le plus religieusement les deniers de la république ; et même, quand l'état était chargé de sa dépense, il la rendait aussi modique que s'il eût vécu à son propre compte. Ce noble désintéressement non-seulement efface la tache d'avarice, mais encore fait croire que c'était en lui moins un vice odieux, tel qu'il est dans les ames communes, qu'une prévoyance poussée trop loin. Dans le fait, il était aussi économe pour les autres que pour lui, et le luxe lui faisait peine ; c'est parce qu'il y voyait le renversement des institutions qui avaient agrandi Rome, et la ruine future de la république. Il faut cependant convenir qu'il y avait dans ce goût d'économie une insensibilité qui dégénérait même en cruauté ; il voulait que l'on vendît les esclaves quand ils étaient vieux et qu'ils ne pouvaient plus rien faire, afin d'épargner leur nourriture : *On n'a*, disait-il, *jamais bon marché d'une chose dont on peut se passer et qui est inutile.* Plutarque fait à ce sujet des réflexions si belles, que je ne puis m'empêcher de les rapporter en entier, telles que le naïf Amyot les a rendues dans son vieux langage.

« Vendre ainsi les serfs, dit-il, ou les chasser de la maison après qu'ils sont envieillis en votre service, ne plus ne moins que si c'étoit bêtes mues, quand on en a tiré le service de toute leur vie, il me semble que cela procède d'une par trop rude et trop dure austérité de nature, et qui pense que d'homme à homme il n'y ait point de plus grande société qui les oblige réciproquement que de tant qu'ils peuvent tirer prouffit et utilité l'un de l'autre; et toutefois nous voyons que bonté s'étend bien plus loing que ne fait justice, parce que nature nous enseigne à user d'équité et de justice envers les hommes seulement, et de grace et bénignité quelquefois jusques aux bêtes brutes : ce qui procède de la fontaine de douceur et d'humanité, laquelle ne doit jamais tarir en l'homme. Car, à la vérité, nourrir les chevaux rompus et usés de travail en notre service, et non-seulement nourrir les chiens quand ils sont petits, mais aussi les alimenter, en avoir soin encore quand ils sont envieillis avec nous, sont offices convenables à une nature charitable et débonnaire....... Il n'est pas raisonnable d'user des choses qui ont vie et sentiment, tout ainsi que nous ferions d'un soulier ou de quelque autre ustensile, en les jetant après qu'elles sont toutes usées et rompues de nous avoir servi; ains, quand ce ne seroit pour autre cause que pour nous duire et exerciter toujours à l'humanité, il nous faut accoutumer à être doulx et charitables, jusques à tels petits et menus offices de bonté. Et quant à moy, je n'aurois jamais le cœur de vendre le bœuf qui auroit longuement labouré ma terre, parce qu'il ne pourroit plus travailler à cause de sa vieillesse, et encore moins un esclave en le chassant comme de son pays, du lieu où il auroit long-temps été nourri, et de la manière de vivre qu'il auroit de longue main accoutumée, pour un petit d'argent que j'en pourrois retirer en le vendant, lorsqu'il seroit autant inutile à ceux qui l'achepteroient, comme à celui qui le vendroit. »

Caton étant parvenu au consulat, passa en Espagne pour remettre sous le joug les peuples révoltés, et prit en peu de temps quatre cents villes. Comme il aimait beaucoup à se louer, quoiqu'il ne pût souffrir qu'on donnât des louanges aux autres, il disait quelquefois qu'il avait pris plus de villes qu'il n'avait passé de jours dans son département. A son retour, il obtint les honneurs du triomphe. Cependant, comme il demeurait trop long-temps, au gré de Scipion l'Africain, consul pour la seconde fois, celui-ci voulut l'expulser de ce gouvernement, et se faire nommer son successeur ;

mais quoiqu'il tînt le premier rang dans Rome, il ne put engager le sénat à favoriser ses prétentions.

Après avoir passé par les premiers emplois, dans lesquels il montra la plus grande capacité, et sur-tout l'équité la plus intègre, Caton demanda et obtint la censure. Il y trouva d'abord quelque obstacle : ceux qui s'adonnaient aux voluptés, et ceux qui avaient des reproches à se faire, tremblaient à l'idée seule de sa sévérité ; cette sévérité était effectivement excessive, mais elle fut utile à la république ; elle retarda un peu l'entière corruption des mœurs, et l'on n'aurait aucun droit de la lui reprocher ; car ce qu'il punissait dans les autres, il ne se le permettait jamais ; il était même quelque peu plus indulgent pour autrui que pour lui-même : il avait coutume de dire, lorsque quelqu'un avait fait une faute : *Il faut bien la lui passer, car il n'est point Caton.* C'était sans doute de la présomption de sa part ; mais cette présomption fait voir quel soin il mettait à remplir ses devoirs, et qu'il faisait consister sa plus grande gloire dans la probité la plus scrupuleuse. Cinquante fois on l'accusa, mais jamais on ne put rien prouver contre lui : ce trait seul suffit pour apprendre quel homme c'était, puisque l'envie ne put toucher à sa réputation. Malgré la haîne des uns et la crainte des autres, on ne l'en respectait pas moins, et le peuple lui fit ériger une statue de bronze avec cette inscription : *A la gloire de Caton, qui a remédié à la corruption des mœurs.* Déclaré contre les femmes, il contribua plus que personne à faire passer la loi qui défendait aux citoyens d'en instituer aucune héritière. Il n'en fut pas moins bon mari, et disait que celui qui frappait sa femme ou son enfant, commettait un véritable sacrilége : ce qu'il louait de plus dans *Socrate*, c'était d'avoir supporté avec douceur le caractère intraitable de *Xantippe*, son épouse.

La crainte qu'il avait de voir se détériorer les mœurs romaines, le porta dans sa vieillesse à engager le sénat à renvoyer de Rome des philosophes grecs qui y étaient venus pour une négociation : il voulait même que l'on chassât les médecins. Il avait aussi coutume de terminer tous ses discours par ces mots : *Et je conclus en outre à ce que Carthage soit détruite*. Il prévoyait que cette ville une fois remise de ses pertes, tenterait de faire retomber sur Rome tout le mal qu'elle en avait reçu ; et peut-être eût-elle réussi.

Sa tendresse pour ses enfans, sans s'annoncer par des caresses qui ne s'accordaient guères avec la sévérité de son caractère, fut extrêmement soigneuse : dès que sa femme lui eut donné un fils, il ne s'occupa plus que de lui dans les momens que lui laissaient les affaires publiques ; il voulait même être présent lorsqu'on le lavait, qu'on peignait ses cheveux, ou qu'on l'habillait. Par la suite, il l'instruisit lui-même dans toutes les sciences nécessaires à un Romain, pour bien se conduire et servir utilement sa patrie. Enfin, il en fit un homme de bien, et eut le malheur de le voir mourir à la fleur de son âge.

La vieillesse de Caton fut longue ; il ne mourut qu'à quatre-vingt-six ans, l'an 148 avant notre ère. Jusque dans ses derniers jours il s'occupa des affaires publiques; la patrie eut sa vie presque toute entière. Ses momens de loisir étaient encore employés pour l'utilité de ses concitoyens. Il écrivit un *Traité de l'Art militaire*, une histoire en sept livres, intitulée *des Origines*, parce que dans le deuxième et troisième livres il expliquait l'origine de toutes les villes d'Italie : il ne nous en reste que quelques fragmens. Nous avons de lui un traité *de la Chose rustique ;* il y entre dans les plus grands détails ; il va, dit Plutarque, jusqu'à nous apprendre comment on fait les tartes et les gâteaux. Ainsi, ce grand homme ne s'occupa que de ce qui compose le bonheur de l'humanité, de la patrie et de la famille ; le reste lui fut étranger. Du temps de Cicéron, il restait encore de lui cent cinquante oraisons, qu'il avait prononcées en différentes circonstances. Il n'avait rien négligé pour s'instruire : il était même déjà avancé en âge lorsqu'il étudia les lettres grecques. Ce qui est étonnant, et ce qui rentre cependant dans son caractère, c'est qu'en aimant passionnément les sciences, il ne voulait pas que la jeunesse romaine s'y livrât, sur-tout à celles qui venaient de la Grèce : il craignait qu'elles n'amollissent les cœurs de ses concitoyens, et que, par conséquent, elles ne leur ôtassent de ce courage et de cet amour pour les armes qui leur avaient valu tant de prospérités. Ce fut à lui que Rome dut *Ennius* (1), qui commença à donner à la poésie latine cette harmonie et cette richesse qui, dans la suite, la firent placer à côté de la poésie grecque. Il amena ce poète de la Sardaigne ; *et cette acquisition*, dit Cornélius-Népos, qui était à

(1) Quintus Ennius naquit en Calabre, l'an 236 avant notre ère. Ses talens lui valurent le droit de cité à Rome, honneur dont on faisait alors beaucoup de cas. Sa poésie est rude et grossière, mais elle étincelle souvent de traits de génie. Virgile profitait à la lecture de ses ouvrages ; il en prit même quelques vers, et il appelait cela *tirer de l'or du fumier*. Scipion estimait Ennius, dont il avait fait son ami, et à tel point qu'il voulut avoir un tombeau commun avec ce poète. Le principal ouvrage d'Ennius était les *Annales de la République romaine*, en vers héroïques ; il ne nous en reste que quelques fragmens. Il avait aussi fait des satires.

même d'apprécier les ouvrages d'Ennius, *ne lui fait pas moins d'honneur, à mon avis, que ne lui en aurait fait le triomphe le plus éclatant sur les Sardes.*

Tel est l'apperçu des actions du plus austère des Romains : on peut y trouver à blâmer ; mais il y a plus à louer encore. Il fut en même temps habile agriculteur, grand général, politique, jurisconsulte, bon orateur pour son siècle, et très-savant. On lui reproche d'avoir été implacable dans la vengeance et avare de son argent ; mais s'il punit sévèrement, ce fut toujours avec justice ; et s'il fut avare de son bien, il le fut aussi de celui de la république. Un avare ordinaire n'eût pas craint d'être malhonnête homme. Il ne manqua à Caton qu'un cœur plus sensible ; il eut, du reste, toutes les vertus de l'humanité.

PLAUTE,

POÈTE COMIQUE LATIN,

Mort l'an 184 avant notre ère.

MARCUS ACCIUS PLAUTUS naquit à Sarsine, ville d'Ombrie. *Sextus Pompéius* prétend qu'on le nomma *Plautus*, parce qu'il avait les pieds plats. On rapporte aussi que dans sa jeunesse il s'adonna au commerce, mais qu'ayant fait des pertes qui le ruinèrent, il fut obligé de se louer à un boulanger pour tourner une meule de moulin, et que dans cet exercice il employait quelques heures à la composition de ses comédies. C'est peut-être là un de ces contes qui déparent ordinairement la vie des grands hommes; peut-être est-ce une vérité : ce n'est pas une chose si étrange que de voir un homme de mérite dans le malheur; il semble même que ce sort soit réservé à la plupart de ceux qui doivent donner de grands exemples au genre humain. Quoi qu'il en soit, ce trait nous apprend que Plaute eût à lutter contre la fortune avant de se faire connaître. L'estime où il fut parmi les Romains nous fait aussi croire qu'il devint plus heureux dans la suite. Il était né avec cette véritable force comique qui est l'ame de la comédie ; le langage romain n'étant pas encore perfectionné de son temps, il n'a pu mettre dans ses vers cette pureté et cette grace qui supposent que l'on a déjà de bons modèles pour se guider ; mais il est plein d'esprit, il intéresse, et, sur-tout, il fait rire. Malgré ses turlupinades et ses obscénités, on voyait avec le plus grand plaisir ses comédies dans le siècle élégant d'*Auguste* ; sous *Dioclétien*, c'est-à-dire, cinq cents ans après lui, elles faisaient encore les délices des Romains. De toutes les pièces qu'il a composées, il ne nous reste que dix-neuf comédies. Madame *Dacier* en a traduit trois ; *Limiers* les a toutes traduites, mais d'une maniere détestable ; *Gueudeville* en a fait aussi une traduction complète qui vaut encore moins : ainsi ce poète attend encore un traducteur. Plaute mourut 184 ans avant notre ère.

TÉRENCE,

AUTRE POÈTE COMIQUE LATIN,

Mort vers l'an 159 avant notre ère.

Publius Terentius Afer naquit à Carthage, fut enlevé par les Numides, dans les courses qu'ils faisaient sur les terres des Carthaginois, et vendu fort jeune à un sénateur romain, nommé *Terentius Lecanus*. Ce sénateur, qui lui vit de grandes dispositions, le fit élever avec soin, et l'affranchit de très-bonne heure. Il reçut le nom de *Terentius* de son patron, suivant la coutume qui voulait que l'affranchi portât le nom du maître dont il tenait sa liberté.

Térence se sentit porté d'inclination vers le théâtre, et composa des comédies. Son modèle était *Ménandre*, le plus parfait des comiques grecs, dont malheureusement il ne nous reste que le nom. Son style est simple, élégant; ses pensées sont délicates, et il n'a rien de la rudesse ni de l'obscénité de Plaute : madame *Dacier* cependant lui préfère ce dernier.

« Térence, dit-elle, a beaucoup plus d'art; mais il me semble que l'autre a plus d'esprit. Térence fait beaucoup plus parler qu'agir; l'autre fait plus agir que parler, et c'est le véritable caractère de la comédie, qui est beaucoup plus dans l'action que dans le discours. Cette vivacité me paraît donner encore un plus grand avantage à Plaute : c'est que ses intrigues sont toujours conformes à la qualité des acteurs, que ses incidens sont bien variés et ont toujours quelque chose qui surprend agréablement; au lieu que le théâtre semble quelquefois languir dans Térence, à qui la vivacité de l'action et le nœud des incidens et des intrigues manquent manifestement. » Mais s'il est inférieur à Plaute, dit *Fréron*, pour cette vivacité d'intrigue et pour l'enjouement du dialogue, il a bien plus de décence, de noblesse et de goût. Ses caractères sont plus vrais, ses peintures de mœurs plus fidelles. Il rend beaucoup mieux la nature ; et attache bien davantage par le fonds d'intérêt qui domine dans ses pièces. S'il n'égaye pas ses lecteurs par cette foule de bons mots que Plaute répand avec profusion, et qui souvent, au jugement d'Horace, sont assez insipides, il sait les dédommager par la justesse et la solidité des pensées, la délicatesse des sentimens, la douceur des images ; par ce moelleux et cette suavité du style qui fait éprouver un plaisir toujours nouveau dans la lecture de ses comédies. La première fois qu'on entendit prononcer à Rome, sur la scène, ce beau vers :

Homo sum, humani nil à me alienum puto ;

(Je suis homme, et rien de ce qui appartient à l'humanité ne m'est étranger,) il s'éleva, dit *Saint-Augustin*, dans l'amphithéâtre, un applaudissement universel ; il ne se trouva pas un seul homme, dans une assemblée si nombreuse, composée des Romains et des envoyés de toutes les nations déjà soumises ou alliées à leur em-

pire, qui ne parût sensible à ce cri de la nature. »

Térence fut l'ami de *Lélius* et de Scipion l'Africain : on soupçonne même ces deux illustres Romains d'avoir travaillé à ses comédies ; leur esprit délicat, leur goût et leur amour pour les lettres semblent justifier ces soupçons, qui, d'ailleurs, ne font aucun tort à la réputation de Térence.

Ce poète se retira de Rome avant trente-cinq ans, et s'occupa, dans la retraite, à traduire Ménandre, et à composer de son propre fonds. On croit que la perte qu'il fit de ses manuscrits lui causa un chagrin si vif, qu'il en mourut vers l'an 155 avant l'ère vulgaire.

PAUL ÉMILE,

GÉNÉRAL ROMAIN,

Mort l'an 168 avant notre ère.

Lucius Paulus, qui périt à la bataille de Cannes, eut deux enfans; *Emilia* qui devint l'épouse du grand Scipion, et *Paul Émile*

Emile, dont nous allons parler. Ce jeune Romain avait devant les yeux les plus grands exemples, et en profita. Son caractère sévère le porta à mériter les places plutôt par ses vertus que par ses soins auprès du peuple, comme faisaient tant d'autres. Il obtint l'édilité sur douze concurrens des premières maisons de Rome; peu après il fut élu augure, et s'acquitta de cette fonction presbytérale avec une exactitude qui plut beaucoup à ses concitoyens. Cette exactitude dans ses devoirs se remarqua encore mieux lorsqu'il fut dans le camp; il se serait fait un scrupule de manquer en la plus petite chose à la discipline militaire, sur-tout lorsque lui-même commanda, et qu'il dut donner les ordres et l'exemple : il pensait, dit Plutarque, *que vaincre les ennemis par armes n'était qu'un accessoire, par manière de dire, au prix de bien dresser et aguerrir ses concitoyens par bonne discipline.*

S'étant présenté pour le consulat, il l'obtint assez facilement; et pendant sa magistrature il marcha contre les Liguriens, et les soumit. Ce fut là ce qu'il fit de plus grand pendant son premier consulat. S'étant de nouveau, dans la suite, placé parmi les candidats pour cette charge suprême, il se vit refusé, et ne se représenta plus. Il s'occupa alors tout entier de l'éducation de ses enfans, et en fit des hommes qui, dans la suite, tinrent le premier rang parmi les Romains; il eut le bonheur d'être père de Scipion le jeune, qui détruisit totalement Carthage.

Il avait déjà soixante ans quand on le nomma consul pour la seconde fois; et ce fut le peuple lui-même qui, sentant le besoin d'avoir à la tête de ses armées un homme de mérite, jeta les yeux sur lui, le nomma, et le pria de ne point refuser. On faisait déjà depuis long-temps la guerre à Persée, roi de Macédoine; et les Romains, vainqueurs par-tout ailleurs, ne retiraient qu'une sorte de honte de ce côté: on en rejetait la faute sur l'incapacité des généraux, et le peuple cette fois-ci eut la sagesse de ne point donner ses suffrages à ceux qui le flattaient le mieux, mais à celui qu'il connaissait le plus habile. *Romains*, dit

Paul Émile en acceptant, *la première fois que je vous ai demandé le consulat, c'était pour l'honneur qui devait m'en revenir; aujourd'hui c'est pour votre propre utilité que je l'accepte. Si vous connaissez un Romain dont les talens vous donnent plus d'espoir, choisissez-le, je lui cède à l'instant mon droit; mais si vous avez une pleine confiance en moi, ne vous mêlez point de ce qui regarde un général, comme vous avez coutume de faire; obéissez seulement lorsque l'on vous donnera des ordres qui peuvent tourner au bien et à la gloire de la république. Voilà tout ce que je vous demande.* Ce discours produisit l'effet que Paul Émile en attendait; jusque-là le peuple n'avait fait que déclamer contre ceux qui étaient chargés de la guerre, et les avait souvent empêché d'agir; le nouveau consul, qui savait combien une pareille conduite nuisait aux affaires, s'y prit dès l'abord, et montra une fermeté dont il put user par la suite.

Arrivé dans la Macédoine, il commença par rétablir la discipline militaire, très-peu suivie depuis long-temps; ensuite il poussa la guerre avec vigueur, sans cependant rien négliger de ce que la prudence et l'expérience commandent à un général qui n'attend point ses succès du hasard. Enfin il donna une bataille décisive, et Persée fut vaincu. Ce prince, qui était avare, avait amassé des trésors immenses; ce fut la proie des Romains. La Macédoine fut réduite en province dépendante de la république. Persée, qui d'abord avait fui dans l'île de Samothrace, fut assiégé dans sa retraite, où, ne voyant plus d'espoir, il vint se jeter aux pieds de son vainqueur et implorer sa clémence. Paul Émile le reçut avec bonté, et fut extrêmement touché de son malheur; mais Persée avait le cœur lâche, et il s'abaissa tellement que le Romain en eut quelque peine. *Eh quoi!* lui dit-il, *ta conduite diminuera-t-elle le prix de ma victoire? et te montreras-tu homme de si peu de courage, qu'il n'y aura aucun honneur aux Romains de t'avoir vaincu?* Il ne l'en traita cependant pas avec moins de bonté, et de manière à adoucir ce que son sort avait d'affreux.

Cette guerre terminée, et l'ordre nécessaire établi dans sa nouvelle conquête, Paul Émile revint avec les trésors qu'il avait enlevés au vaincu. Ces succès, attendus depuis long-temps, répandirent la plus grande joie dans Rome; chacun chantait les louanges du consul : cependant il fut sur le point de ne pas obtenir le triomphe; ses soldats, qu'il avait tenus sous une discipline sévère, eurent l'audace de se plaindre, et se firent facilement entendre des envieux et des brouillons qui aimaient à humilier les plus grands hommes. Lorsqu'on fut pour recueillir les suffrages, la première tribu refusa; les sénateurs et tous les bons citoyens, alarmés de cette injustice, se levèrent aussitôt, firent au peuple et aux soldats des remontrances à ce sujet, et parvinrent à changer les sentimens. *Romains*, s'écria *Marcus Servilius*, vieux guerrier couvert de blessures, *c'est bien à présent que vous devez connaître tout le mérite de Paul*

Émile, puisqu'avec des soldats aussi indisciplinés et aussi mal-intentionnés, il a fait de si grandes choses. Le peuple et l'armée virent avec honte leur faute et la réparèrent : Paul Émile obtint le triomphe. Jamais on n'avait vu dans Rome rien de plus magnifique que cette cérémonie. Trois jours furent employés à étaler, en quelque sorte, toutes les richesses que le peuple romain venait de conquérir, et à lui faire sentir quelle était la gloire qu'il venait d'ajouter à celle dont il jouissait déjà. Ce triomphe fut si beau, et il est si bien décrit dans Plutarque, que je ne puis m'empêcher de transporter ici ce magnifique tableau, malgré la place qu'il y tiendra, et qui outrepasse le petit cadre que j'ai choisi. Mes jeunes lecteurs prendront une idée de ces sortes de fêtes par lesquelles les Romains honoraient leurs grands capitaines, et exaltaient leur propre courage.

« Premièrement, dit Plutarque, le peuple ayant dressé force échafauds, tant au cirque qu'à l'entour des places et autres endroits de la ville par où l'appareil du triomphe avoit à passer, tous se trouvèrent avec leurs belles robes, pour en voir la magnificence. Si étoient tous les temples des dieux ouverts et pleins de festons et parfums ; et y avoit par tous les quartiers de la ville des sergens et autres officiers tenant des bâtons en leurs mains, pour faire retirer la presse et serrer ceux qui se jeteroient à la foule trop en avant par les carrefours, et qui iroient et viendroient par la ville, afin que toutes les rues fussent vides et nettes. »

» Au demeurant, la montre de tout le triomphe fut départie en trois jours, dont le premier à peine put suffire à voir passer les images, tableaux, peintures et statues d'excessive grandeur, le tout pris et gagné sur les ennemis, et traîné à cette montre sur deux cent cinquante chariots. Le second jour furent aussi portées sur grand nombre de charriages toutes les plus belles et plus riches armes des Macédoniens, tant de cuivre que de fer et acier, toutes reluisantes pour avoir été fraîchement fourbies et arrangées par artifice, en manière toutefois qu'il sembloit qu'elles eussent été jetées pêle-mêle à monceaux, sans autrement prendre garde à les disposer, des armets sur des boucliers, des halecrets et corps de cuirasse sur des grêves, des pavois candiots et targes thraciennes, des carquois et trousses de flèches parmi des mors et brides de cheval, des épées nues dont les pointes sortoient au-dehors, entrelacées parmi des piques, étant toutes ces armes entassées et liées les unes sur les autres, si à propos, pour n'être ne trop ne peu serrées, qu'en se froissant les unes les autres, ainsi qu'on les charrioit par la ville, elles rendoient un son qui donnoit quelque frayeur à l'ouir, de manière que la vue seulement des dépouilles captives des vaincus donnoit encore quelque effroi à les regarder. »

» Après les chariots où étoient toutes ces armures, suivoient trois mille hommes, qui portoient l'argent monnoyé en sept cent cinquante vases qui pesoient environ trois talens chacun *(environ quatre-vingts livres)*, et étoient portés par quatre hommes; et y en avoit d'autres qui portoient des coupes d'argent, des tasses et gobelets faits en forme de cornes d'abondance, et autres pots à boire, tous fort beaux à voir, tant par leur grandeur que pour la singularité et grosseur de l'entaillure et des ouvrages relevés en bosse qui étoient à l'entour. »

» Le troisième jour, au plus matin, commencèrent à marcher les trompettes sonnant un son, non pas tel qu'on le sonne pour marcher par les champs, ni pour faire une montre, mais celui propre qu'on sonne en une alarme ou à un assaut, pour donner courage aux soldats quand on est sur le point de combattre. »

» Après lesquels suivoient six vingts bœufs gras et refaits, ayant tous les cornes dorées, et les têtes couronnées de festons et de chapeaux de fleurs; et y avoit des jeunes hommes ceints à travers le fond du corps de beaux devantés ouvrés à l'aiguille, qui les conduisoient au sacrifice; et de jeunes garçons, quant et eux, qui portoient de beaux vases d'or et d'argent, pour faire les aspergemens et effusions qui se font ès sacrifices; après lesquels suivoient ceux qui portoient l'or monnoyé départi par vases pesant chacun trois talens *(quatre-vingts livres)*, comme ceux où l'on portoit l'argent ; et y avoit de ces vases jusques au nombre de soixante-dix-sept : puis marchoient ceux qui portoient la grande coupe sacrée qu'Æmilius avoit fait faire d'or massif, enrichie de pierres précieuses, pesant le poids de dix talens, pour en faire une offrande aux dieux : joignant lesquels marchoient d'autres qui portoient certains vases faits et ouvrés à l'antique, et coupes magnifiques des anciens rois de Macédoine, comme celle qu'on appeloit l'*Antigonide*, et une autre la *Séleucide*, et généralement tout le buffet et toute la vaisselle d'or du roi Perséus, auquel joignoit tout d'un tenant son chariot d'armes, dedans lequel étoit tout son harnois, et son bandeau royal, qu'on appelle diadême, dessus ses armes. »

» Puis bien peu d'intervalle après, les enfans du roi qu'on menoit prisonniers avec la suite de leurs gouverneurs, leurs maîtres d'école et officiers, tous éplorés, qui tendoient les mains au peuple regardant, et enseignoient aux petits enfans à faire le semblable pour requérir et demander grace au peuple. Il y avoit deux fils et une fille, qui n'avoient pas grand sentiment ni guère de connoissance de leur calamité, pour le bas-âge auquel ils étoient : ce qui faisoit que les regardans en avoient plus de pitié, en voyant ces pauvres petits enfans qui ne connoissoient pas le changement de leur fortune, tellement que pour la compassion qu'on avoit d'eux, on laissoit presque passer le père sans le regarder : et y en eut plusieurs à qui de pitié les larmes en vinrent aux yeux, et fut à tous les regardans un spectacle mêlé de plaisir et de douleur tout ensemble, jusqu'à ce qu'ils fussent bien loin de la vue. »

» Perséus le père suivoit après ses enfans et leur famille, et étoit vêtu d'une robe noire, et ayant des pantoufles aux pieds à la guise de son pays, montroit bien à sa contenance qu'il étoit tout éperdu et troublé de sens et d'entendement, pour la pesanteur des maux et malheurs dont il se sentoit accablé. Il étoit suivi de ceux de sa maison, ses amis familiers, officiers et serviteurs domestiques, tous ayant les visages décolorés et défaits, donnant assez à connoître, parce qu'ils avoient toujours les yeux fichés sur leur maître en larmoyant fort chauldement, qu'ils lamentoient et déploroient principalement sa malheureuse fortune, faisant peu de compte de la leur. »

» On dit bien que Perséus envoya devers Æmilius le requérir et supplier qu'il ne fût point ainsi amené par la ville en la montre du triomphe; mais Æmilius se moquant, comme il le méritoit, de sa lâcheté et foiblesse de cœur, répondit: *Cela par avant étoit et encore est en sa puissance, s'il veut;* lui donnant assez à entendre qu'il devoit plutôt choisir la mort, que de souffrir, lui vivant, une telle ignominie : mais il n'eut oncques le cœur de ce faire, tant il étoit lâche; mais attendri par je ne sais quelle espérance, aima mieux être lui-même partie de ses propres dépouilles. »

» Après tout cela suivoient quatre cents couronnes d'or, que les villes et cités de la Grèce avoient envoyées par ambassadeurs exprès à Æmilius, pour honorer sa victoire ; et puis, tout d'une suite, lui-même venoit après, monté sur son char triomphant, lequel étoit accoutré et orné très-magnifiquement. Si étoit chose très-belle à voir : car, outre ce que de lui-même il étoit très-digne d'être regardé, quand il n'y eût eu que sa seule personne, sans toute cette grande pompe et magnificence, il étoit vêtu d'une robe de pourpre rayée d'or, et portoit en sa main droite un rameau de laurier, comme aussi faisoit toute son armée, laquelle départie par bandes et compagnies, suivoit le chariot triomphal de son capitaine, où aucuns des soldats alloient chantant quelques chansons de victoire, que les Romains ont accoutumé de chanter en tel cas, mêlant parmi quelques brocards et traits de risée sur leur capitaine ; et les autres disoient des chants de triomphe à l'exaltation et louange des faits victorieux d'Æmilius, lequel étoit publiquement loué, béni et honoré de tout le monde, et de nul homme de bien haï ni envié. »

Tant de bonheur pour Emile ne fut point sans mélange : tandis qu'il triomphait publiquement, le deuil était dans sa maison ; un de ses fils mourut cinq jours avant cette fête, et un autre trois jours après. Il soutint son malheur avec la fermeté d'un sage.

La grande estime où il était parmi les Romains fit qu'on l'élut, quelque temps après, pour remplir la charge de censeur, que l'on n'accordait qu'aux personnages les plus vertueux et les plus considérés. Ce fut pendant le cours de cette magistrature qu'il tomba malade et qu'il mourut, l'an 168 avant notre ère. Tous les Romains, et même les étrangers, le regrettèrent ; il avait montré autant de justice que de talens, et autant de douceur que de fermeté ; quand il avait employé la sévérité, c'est que le bien général l'avait exigé : sensible au malheur d'autrui, il soutenait avec courage sa propre infortune ; enfin, ce qui montre mieux quelle fut sa vertu, c'est qu'il fut un instant le maître des immenses trésors de Persée, et qu'il remit tout fidèlement entre les mains des questeurs, sans rien retenir pour lui que la bibliothèque du roi. A sa mort, il laissa si peu de biens, que l'on put à peine payer le douaire dû à sa femme; cependant, avec une fortune médiocre, il sut être libéral. Tel fut Paul Emile.

SCIPION L'AFRICAIN, le jeune,

GÉNÉRAL ROMAIN,

Vers 168 ans avant notre ère.

PAUL ÉMILE eut des enfans dignes de lui : le plus grand fut *Scipion le jeune*, que le fils de Scipion l'Africain, son cousin germain par *Emilia*, sœur d'Emile, adopta et fit héritier de son nom et de ses biens. Le jeune Scipion commença à se distinguer d'une manière éclatante dans la guerre que son père fit au roi de Macédoine; il se distingua ensuite par son désintéressement. A la mort de Paul Emile, il laissa à son frère *Fabius* sa part de ce qui leur revenait par la succession; il lui donna même la moitié de son bien, pour qu'il pût, selon ses desirs, faire exécuter des jeux sur le tombeau de son père.

Après avoir porté les armes sous Paul Emile, il alla servir en Espagne en qualité de tribun légionnaire. Quoique âgé seulement de trente ans, il annonça par ses vertus et sa valeur ce qu'il serait un jour. Un Espagnol d'une taille gigantesque ayant donné le défi aux Romains, Scipion l'accepta, et fut vainqueur. Cette victoire accéléra la prise d'Intercatie. Le jeune héros monta le premier à l'assaut, et obtint une couronne murale. Sa réputation de guerrier et d'homme de bien devint si grande, que le roi *Massinissa*, en mourant, le chargea de régler le partage de ses états entre ses trois fils.

Son nom et ses actions rappelaient l'ancien vainqueur de Carthage; les Romains voulant absolument détruire cette ville rivale, le chargèrent d'aller continuer et terminer la nouvelle guerre d'Afrique: ils lui donnèrent, comme à son aïeul adoptif, la permission de choisir son collègue. Pour ressembler mieux à son modèle, Scipion choisit pour compagnon de ses desseins *Lélius*, son ami intime, fils de cet autre

Lélius qui avait si bien secondé le vainqueur d'Annibal. Scipion ne démentit point la bonne opinion que l'on avait de lui ; il poussa le siége, déjà commencé, avec vigueur, et imagina pour réussir des choses presque incroyables. Les lignes des assiégeans n'étaient pas assez serrées ; pour remédier à ce défaut, il établit son camp sur une langue qui formait une communication entre les terres et la presqu'île dans laquelle Carthage était située. Par ce moyen, il ôtait aux assiégés toute espérance de recevoir des vivres de ce côté-là ; mais ils pouvaient en faire venir par mer, attendu que les vaisseaux romains n'osaient s'approcher jusqu'à la portée des machines de guerre qui les auraient accablés. Scipion leur enleva cette dernière ressource, en faisant fermer l'entrée de leur port par une longue et large digue de pierre : cette digue avait, rapporte-t-on, vingt-quatre pieds de large par le haut, et quatre-vingt-douze par la base. Les Carthaginois firent alors un travail plus surprenant encore : leur ville contenait sept cent mille habitans, qui, tous à l'envi, hommes, femmes et enfans, s'employèrent à creuser un nouveau port et à construire une flotte. Les Romains eurent tout lieu d'être surpris, lorsque, du milieu des dunes, ils virent sortir cinquante galères qui s'avançaient en bel ordre, toutes prêtes à livrer bataille et à soutenir les convois qu'on leur amenerait. On croit que les Carthaginois firent une grande faute de ne point attaquer les vaisseaux romains dans cette première surprise ; ils ne donnèrent bataille que trois jours après, et elle ne fut pas à leur avantage. Le consul s'empara d'une terrasse qui dominait la ville du côté de la mer, s'y retrancha et y établit quatre mille soldats pour y passer l'hiver. Enfin, ses travaux, sa prévoyance et son ardeur reçurent leur prix ; Carthage tomba au pouvoir des Romains, et fut entièrement ruinée. Le vainqueur, en considérant les tristes débris de cette célèbre ville, ne put s'empêcher de répandre des larmes. De retour à Rome, il eut les honneurs du triomphe, et se rendit propre le surnom d'*Africain*, qu'il portait déjà par droit de succession.

Il fut élu consul pour la seconde fois, et destiné à détruire encore une ville célèbre, Numance, qu'il emporta, et pour la prise de laquelle il obtint un second triomphe avec le surnom de *Numantin*.

Il fut aussi censeur. On rapporte à ce sujet que le greffier, dans le sacrifice ordinaire pour la célébration du lustre, lui dictant le vœu par lequel on conjurait les dieux de rendre les affaires du peuple romain meilleures et plus brillantes : *Elles le sont assez*, s'écria-t-il, *et je les prie de les conserver toujours en ce même état*. Il fit aussitôt changer le vœu de cette manière; et les censeurs, par respect, s'en servirent depuis dans la cérémonie des lustres.

Scipion avait épousé *Sempronie*, sœur des *Gracques*; cependant il fut toujours opposé à ces derniers dans les projets qu'ils formèrent d'abaisser le sénat, et de faire partager les terres conquises, dont les grands s'étaient insensiblement emparés. Dans la nuit d'un jour où il s'était fortement élevé contre ces projets, il fut étranglé dans son lit : on ignora quelle main sacrilége avait osé donner la mort à un si grand homme. Le peuple, qui craignait de trouver *Caïus Gracchus* coupable de cet assassinat, ne permit point que l'on fît d'informations ; ainsi le meurtrier resta impuni, et le vainqueur de Carthage ne fut point vengé.

TIBÉRIUS ET CAIUS GRACCHUS,

TRIBUNS DU PEUPLE ROMAIN,

Vers l'an 133 avant notre ère.

« TIBÉRIUS et CAÏUS GRACCHUS, descendus par leur mère du fameux Scipion, soutinrent par un rare mérite l'éclat de leur naissance : ils avaient l'un et l'autre l'esprit grand, l'ame haute, un désintéressement parfait, une éloquence véhémente et propre à entraîner les esprits, un zèle vif et ardent pour la justice, une compassion naturelle pour les misérables,

T. II. Pag. 56.

T. et C. Gracchus.
Marius
Sillus.
Lucullus.
Cn. Pompée.
Jules Cesar.

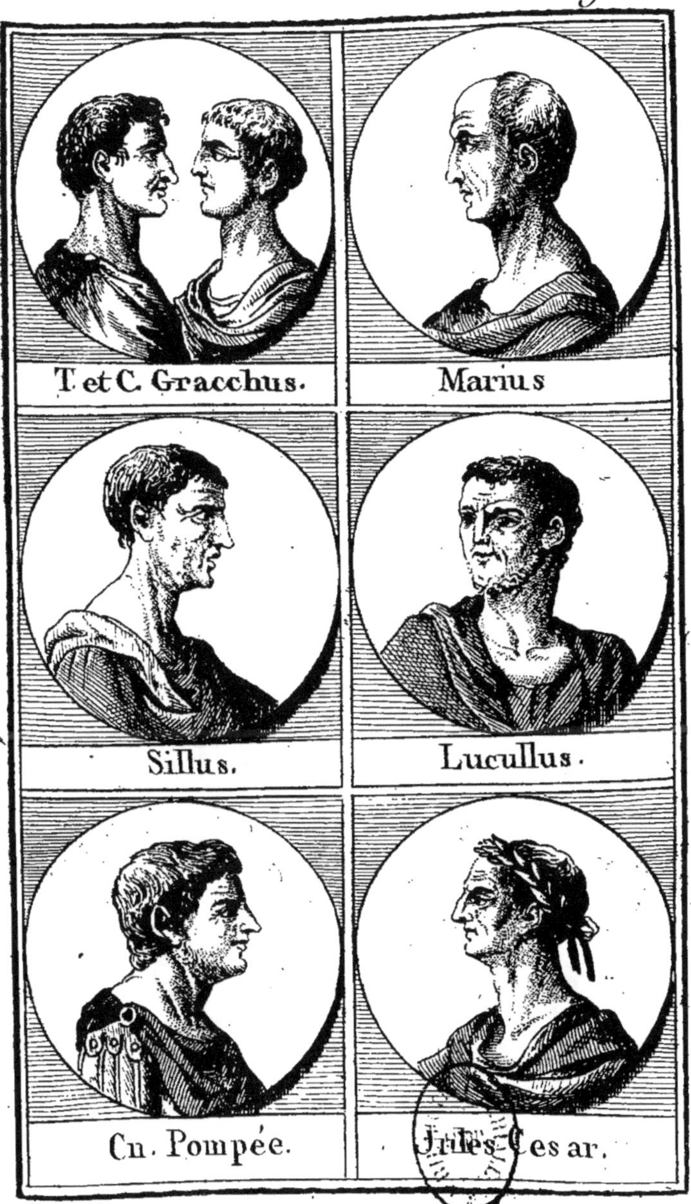

une haîne irréconciliable contre toute oppression, que la résistance faisait dégénérer en animosité personnelle contre les oppresseurs. On ne peut nier que ces deux illustres frères n'eussent des intentions fort droites; que dans leurs entreprises ils ne se proposassent pour but une réformation qui paraissait nécessaire, et qu'en effet ils n'aient remédié par de sages réglemens à plusieurs désordres : mais des engagemens formés d'abord par de bonnes vues, et poussés ensuite avec trop de chaleur, les portèrent plus loin qu'ils n'avaient pensé. Ils poursuivirent avec une opiniâtreté inflexible ce qu'ils avaient commencé par un sentiment de vertu; et par-là de grandes qualités, qui auraient pu être fort utiles à l'état si elles avaient été conduites par une sage modération, leur devinrent funestes et pernicieuses ». (*Rollin*).

« Tibérius Gracchus et Caïus Gracchus étaient fils de Tibérius Sempronius Gracchus, personnage consulaire, grand capitaine, qui avait été honoré de deux triomphes, mais qui était encore plus illustre par des mœurs excellentes et par un désintéressement parfait; vertus qui commençaient à se faire remarquer pour n'être plus si communes parmi tous les Romains. »

» La mère des Gracques, appelée *Cornélie*, était fille du grand Scipion..... A l'alliance des premières maisons de Rome Tibérius joignait un air noble, une physionomie prévenante, et toutes ces graces de la nature qui servent comme de recommandation au mérite. Il avait acquis en même temps toutes les vertus qu'on peut attendre d'une excellente éducation, beaucoup de sagesse, de modération, de frugalité et de désintéressement. Son esprit d'ailleurs était orné des plus rares connaissances; et à l'âge de trente ans il passait pour le premier orateur de son siècle. Son style était pur, ses termes choisis, ses expressions simples, mais toujours nobles et si touchantes, qu'il enlevait les suffrages de tous ceux qui l'écoutaient. »

» Ses ennemis publiaient que sous des manières si insinuantes il cachait une ambition démesurée, une haîne implacable contre le sénat, et un zéle excessif pour les intérêts du peuple, dont il faisait le motif ou le prétexte de toutes ses entreprises. Ce fut cet attachement aux intérêts du peuple, et peut-être l'envie de se distinguer, qui lui fit reprendre le dessein du partage des terres : prétention ancienne, que les grands de Rome croyaient éteinte par l'oubli et la prescription, et qu'il entreprit de faire revivre, quoiqu'il prévît bien toute la résistance qu'il y trouverait de la part du sénat, et même du côté des plus riches parmi le peuple (1). On prétend que ce dessein lui avait été inspiré

---

(1) « Quand les Romains avaient conquis des terres sur leurs voisins, ils avaient coutume d'en vendre une partie, d'ajouter les autres aux domaines de la république, et de donner ces dernières aux plus pauvres des citoyens pour les faire valoir, à condition qu'ils en paieraient, tous les ans, une petite rente au trésor public. Les riches ayant commencé à enchérir sur eux et à porter beaucoup plus haut ces rentes, et à chasser, par ce moyen, les pauvres de leurs possessions, on fit une loi qui portait qu'aucun citoyen ne pourrait posséder que jusqu'à cinq

par Cornélie, sa mère, femme avide de gloire, et qui, pour exciter l'ambition de son fils, lui avait fait comme une espèce de reproche de ce qu'on ne l'appelait dans Rome que *la belle-mère de Scipion* (1), *et non la mère des Gracques.* Elle lui représentait continuellement qu'il était temps qu'il se fît connaître lui-même ; qu'à la vérité Scipion, son beau-frère, tenait le premier rang parmi les capitaines et les généraux de la république, mais qu'il pouvait, par une autre route et par des

---

cents arpens de terre. Cette loi réprima pour quelque temps l'avarice des riches ; mais ceux ci, dans la suite, ayant trouvé le moyen de frauder la loi, en se faisant adjuger la ferme de ces terres sous des noms empruntés, et enfin, les tenant ouvertement eux-mêmes, les pauvres étaient réduits à une extrême misère, et l'Italie était en danger de se voir remplie d'esclaves et de barbares, dont les riches se servaient pour cultiver ces terres, d'où ils avaient écarté les citoyens. » *Rollin.*

(1) Scipion le jeune avait épousé Sempronie, sœur des Gracques.

lois

lois utiles au peuple, se faire un grand nom; qu'il ne lui restait même que ce moyen de s'égaler en quelque sorte au vainqueur de Carthage, et qu'en appelant le peuple au partage des terres publiques, il ne se rendrait pas moins célèbre que son beau-frère par ses conquêtes. » (*Vertot.*)

Échauffé par ces reproches d'une mère adorée, et qui n'avait rien négligé pour donner à ses enfans de grands talens, et des sentimens plus grands encore, Tibérius entra dans la lice des affaires : il demanda le tribunat et l'obtint. Toute son attention se porta aussitôt vers la classe la plus malheureuse du peuple; cette classe était nombreuse : dans cette ville superbe, où toutes les richesses de l'Orient commençaient déjà à passer, on voyait facilement que, plus les grands devenaient riches, plus le peuple devenait pauvre, et cette portion des Romains semblait menacée de devenir esclave de l'autre. C'est ce que Tibérius voulut empêcher. « Quoi! s'écria-t-il sur la place publique, les bêtes sauvages trouvent, dans les montagnes et dans les forêts d'Italie, des forts et des tanières pour s'y retirer ; et ces braves Romains qui combattent et qui s'exposent à la mort pour la défense de l'Italie, ne jouissent que de la lumière et de l'air qu'on ne peut leur ravir, et sont sans maisons et sans retraites, obligés d'errer dans les campagnes avec leurs femmes et leurs enfans ! Ils ne font la guerre et ne meurent que pour augmenter le revenu et entretenir le luxe des riches ; et ces prétendus maîtres de l'univers, car on les appelle ainsi, n'ont pas un seul pouce de terre qui leur appartienne ! »

De pareils discours eurent bientôt ameuté le peuple et irrité les grands ; Rome se divisa en deux partis bien prononcés. C'était le grand spectacle de la misère aux prises avec la fortune. Tibérius trouva mille obstacles, mais sa constance égalait la rage de ses ennemis. Déjà il était parvenu à faire nommer trois commissaires ou *triumvirs*, pour examiner les possessions patrimoniales et les séparer des terres conquises, afin que celles-ci fussent réparties suivant l'intention des anciennes lois. Le sénat et les riches virent qu'il n'y avait pas de temps à perdre, et qu'il ne fallait plus rien ménager. Le temps du tribunat de Tibérius expiré, le peuple était sur le point de le réélire, lorsque quelques sénateurs, suivis de leurs partisans, vinrent en armes dans la place, mirent tout le monde en fuite et Tibérius lui-même, qui ne s'était point attendu à un pareil attentat. Au milieu de ce désordre, un des collègues du tribun, jaloux et ennemi secret de sa gloire, le frappa à la tête avec le pied d'une chaise; il tomba sous ce coup, et une foule de ses ennemis survenant, achevèrent de lui ôter la viè. Ainsi périt l'aîné de ces illustres frères.

Caïus Gracchus, à l'époque de cet assassinat, n'avait guère que vingt-un ans; cet âge ne lui permettait pas d'entrer dans les charges, et d'entreprendre par cette voie de venger un frère qu'il aimait et qu'il voulait imiter. Il attendit le temps convenable; mais pour parcourir avec plus de succès la carrière qu'il se proposait, il se renferma dans la solitude, acquit de nouveaux talens, perfectionna ceux qu'il possédait déjà, sur-tout l'art oratoire, si utile dans un pays libre, où le peuple prend lui-même connaissance des affaires publiques ; enfin, quand il parut devant le peuple, il enchanta tout le monde, et se montra ennemi redoutable du parti qui avait fait périr Tibérius. Après avoir été questeur à l'armée, et s'être montré excellent soldat, il vint demander le tribunat et l'obtint, au grand regret du sénat et des riches, qui voyaient revivre en lui le courage et les sentimens de son frère.

» Il ne se vit pas plutôt revêtu d'une dignité qui lui donnait un pouvoir presque sans bornes, qu'il forma sur le plan de son frère des desseins encore plus hardis, et qu'il poussa même avec plus d'ardeur qu'il n'avait fait. C'était le même esprit et les mêmes vues dans les deux frères, quoique de caractères différens. Tibérius cachait une fermeté invincible sous une modération apparente. Son éloquence était douce, insinuante ; il voulait plaire pour pouvoir persuader ; il cherchait à toucher ses auditeurs. . . . . Caïus se laissait voir plus à découvert, aussi éloquent, mais plus vif dans ses expressions ; et plus véhément que son frère, son discours était orné de figures pathétiques : il mêlait même des invectives à ses preuves et à ses raisons ; son zèle pour les intérêts du peuple se tournait en colère contre le sénat. Il ne sortait, pour ainsi dire, que des éclairs et des foudres de sa bouche, et il portait la terreur jusque dans le fond de l'ame de ses auditeurs. Du reste, la fermeté de ces deux frères, l'amour qu'ils avaient pour la justice, leur intégrité, leur tempérance, leur éloignement des voluptés, leur attachement inviolable aux intérêts du peuple, sont des qualités qu'ils possédaient l'un et l'autre dans un degré égal.» (*Vertot.*)

Caïus essaya et assura son crédit par plusieurs lois avantageuses au peuple, avant d'en venir au projet dans lequel son frère avait échoué, le partage des terres conquises. Peu-à-peu il augmenta son autorité, au point qu'il disposait de tout dans Rome. Toujours occupé de l'intérêt du peuple, il fit construire des greniers publics avec une magnificence digne de la grandeur des Romains. « Tout lui passait, pour ainsi dire, par les mains ; il voulait tout connaître par lui-même ; et sous prétexte de veiller à ce qu'il ne se fît rien contre les intérêts du peuple, il rappelait à lui toute l'autorité du gouvernement. On le voyait environné d'ambassadeurs, de magistrats, de gens de guerre, d'hommes de lettres et d'ouvriers, sans que le nombre et la différence des affaires l'embarrassassent. Tout le monde admirait son activité, et ses ennemis mêmes ne pouvaient disconvenir de l'étendue et de la facilité de son esprit. »

L'année de son tribunat expirée, il fut réélu sans qu'il eût fait aucun mouvement pour l'être, et l'on remarqua qu'il avait été le premier citoyen qui fût parvenu à cette dignité sans l'avoir briguée. Le sénat et les grands en furent si irrités, que sa perte fut dès-lors jurée ; mais pour ne point soulever le peuple et sembler commettre un crime abominable, on commença par affaiblir son crédit par les moyens mêmes qui le lui avaient valu. Un de ses collègues au tribunat fut corrompu, et il lui fut enjoint de faire des propositions plus avantageuses encore au peuple que celles de

Caïus, en ayant soin d'ajouter qu'il ne suivait en cela que l'intention du sénat, qui desirait le bonheur du peuple. La ruse réussit; le peuple se rapprocha du sénat, qu'il crut disposé en sa faveur, et ne vit plus Caïus avec le même enthousiasme. Celui-ci connut facilement le piége, mais il ne lui fut pas aussi facile de le découvrir au public, sans passer pour un envieux et en quelque sorte un tyran, qui ne voulait pas qu'il se fît dans la république d'autre bien que celui qu'il opérait lui-même. Il dissimula, mais pas assez pour qu'on ne crût pas remarquer en lui une jalousie criminelle, qui fit un nouveau tort à son crédit. La mort du second Scipion acheva en quelque sorte de le lui enlever, et fit douter de la sévérité de sa vertu. Le tribun en était enfin venu à la *loi agraire*, qui était son grand objet; il se fit adjoindre deux personnages qui lui étaient dévoués, pour former un *triumvirat* qui devait opérer le partage des terres. Scipion, beau-frère de Caïus, fut celui qui s'opposa avec plus de constance à ce partage; enfin la nuit qui succéda à un jour où il s'était beaucoup emporté contre les tribuns, il fut trouvé mort dans son lit, et les marques que l'on vit autour de son cou attestèrent la violence qu'on lui avait faite. Jamais les assassins ne furent connus; mais le sénat et les grands eurent soin de faire tomber les soupçons sur Caïus, et le peuple lui-même ne souffrit point qu'on informât, dans la crainte que le tribun ne fût trouvé complice de ce crime. Ce qui semble condamner Caïus, c'est qu'il ne fit faire aucune poursuite; et ce magistrat si sévère, celui qui affectait le titre de défenseur des lois, et la partie déclarée de tous ceux qui attentaient à la partie publique, garda sur l'assassinat d'un si grand homme un silence odieux, qui fit justement soupçonner que lui ou les siens ne s'étaient pas crus assez innocens pour soutenir toute sorte d'éclaircissement. Caïus, cherchant un prétexte d'absence pour laisser tomber les bruits qui l'accusaient, fit proposer et passer une loi portant le rétablissement de Carthage, pour y placer une colonie romaine; il partit ensuite à la tête de six mille familles, pour conduire cette entreprise. Son absence, loin de lui être utile, comme il l'avait espéré, donna à ses ennemis la facilité de détruire tout ce qu'il avait fait. Quand il revint à Rome, les esprits étaient déjà beaucoup refroidis à son égard ; il tâcha de les réchauffer et y parvint en partie. Enfin, la mort d'un huissier du consul, tué par les partisans de Caïus qu'il avait provoqués par son insolence, fut la cause, ou plutôt le prétexte d'une horrible boucherie. Le sénat, comme dans les dangers les plus éminens, ordonna que *les consuls eussent à pourvoir qu'il n'arrivât pas de dommage à l'Etat.* Avec ce décret le consul *Opimius*, homme cruel et furieux contre Caïus et ses partisans, se mit à la tête des nobles et des troupes étrangères, et tomba sur la multitude qui entourait Gracchus et les autres chefs du même parti. Trois mille personnes furent tuées, et leurs corps jetés dans le Tibre. « Caïus, qui était sans armes, eut le temps de se retirer dans le temple de Diane, où il se voulut tuer ; mais Pomponius et Licinius, deux de ses amis, l'en empêchèrent, et le forcèrent de s'enfuir. Il écouta leur conseil, et prit la fuite, toujours accompagné de ses deux fidèles amis, et d'un esclave appelé Philocrates. Ses ennemis le suivirent de près ; mais comme il fut arrivé à un pont, Pomponius et Licinius, pour faciliter sa fuite, tinrent ferme les armes à la main, et arrêtèrent quelque temps ceux qui le poursuivaient, et qui ne purent passer qu'après avoir tué ces deux généreux Romains. Caïus eut le temps de gagner un petit bois consacré aux Furies ; mais comme il vit qu'il ne pouvait échapper à ses ennemis, qui avaient entouré ce bosquet, on dit qu'il se fit tuer par Philocrates, et que ce fidèle esclave se tua ensuite lui-même sur le corps de son maître. On coupa sa tête, que ses assassins mirent au haut d'une pique. Un certain Septimuléius, créature d'Opimius, l'enleva à ceux qui la portaient comme une trophée ; et en ayant secrètement tiré la cervelle, il la remplit de plomb fondu pour la rendre plus pesante, et s'en fit payer par le consul dix-sept livres et demie d'or. » *(Vertot)*.

Telles furent la vie agitée et la mort horrible de ces deux illustres frères ; et c'est un tableau de ce qui arrive à presque tous ceux qui s'avisent de prendre les intérêts du peuple contre ceux qui l'oppriment ou le retiennent dans la misère.

MARIUS,

GÉNÉRAL ROMAIN,

Mort l'an 82 avant notre ère.

« CAÏUS MARIUS naquit dans un village proche d'Arpinum, de parens pauvres, et qui gagnaient leur vie du travail de leurs mains. Il avait été élevé dans les travaux rustiques, et ses mœurs étaient aussi féroces que son visage était affreux : c'était un homme d'une grande taille, d'une force de corps extraordinaire, courageux et soldat avant que d'avoir porté les armes. Il entra de bonne heure dans les armées, et il s'y distingua par des actions d'une rare valeur, et sur-tout par une pratique exacte de la discipline militaire. Il cherchait dans toutes les occasions des périls dignes de son courage ; et les plus longues marches et toutes les fatigues de la guerre ne coûtaient rien à un homme élevé durement : on remarqua toujours dans sa conduite un extrême éloignement des voluptés, et depuis son élévation il ne parut sensible qu'à l'ambition et à la vengeance ; passions qui coûtèrent tant de sang à la république. Il passa par tous les degrés de la milice, et ces différens grades furent toujours la récompense d'autant d'actions où il s'était signalé. Quand il demanda au peuple la charge de tribun dans une légion, la plupart de ses concitoyens ne connaissaient pas son visage, mais son nom n'était ignoré de personne ; et, à la faveur d'une réputation si bien établie, il emporta cet emploi sur plusieurs patriciens qu'il avait pour compétiteurs. Métellus, si bon juge de la valeur, le poussa aux premières charges de l'armée, et il obtint, par sa protection, jusqu'à la dignité de tribun du peuple. Ce fut dans cette place qu'il commença à découvrir son ambition et la haîne violente qu'il portait au parti de la noblesse. » (*Vertot*).

Pendant la guerre contre Jugurtha, en Numidie, il devint lieutenant du consul Métellus, avec qui il était alors assez mal, parce que celui-ci soutenait avec autant de chaleur les prétentions de son ordre, que Marius en mettait à soutenir celles du peuple. Il trouva dans cette place le moyen d'ajouter à sa réputation ; et, plein du desir de s'avancer, à l'approche des élections il obtint un congé, vint à Rome, demanda le consulat et l'obtint. C'était la première fois que l'on voyait un homme d'une si basse naissance parvenir à un tel degré d'honneur. Le petit peuple se réjouissait beaucoup d'avoir un consul de son ordre ; mais les grands ne le virent qu'avec peine placé à la tête de la république. Marius, loin de chercher à se les concilier, prit au contraire plaisir à se déclarer entièrement contre eux. Véritable rustre, il se vantait avec orgueil de son ignorance, et faisait presque un reproche aux patriciens d'être plus instruits que lui. Ayant reçu de la nature une grande force et un tempérament robuste, il semblait ne rien voir au-dessus de ces avantages : les fatigues qu'il supportait étaient, en effet, presque incroyables; les privations ne lui coûtaient rien; et quoiqu'à la tête des armées, il ne se distinguait point du plus simple soldat par sa manière de vivre. C'était dans un camp qu'il avait des qualités essentielles; dans Rome, c'était un vrai barbare, étranger à tout ce qui l'environnait. Son seul génie fut de détruire; et il ne vit autour de lui que des soldats qu'il fallait mener durement, ou des ennemis qu'il fallait vaincre. Son caractère était aussi bas que cruel. Il commença par déclamer contre Métellus, son général, le plus homme de bien de son temps, et qui s'était toujours plu à élever ce monstre; il rabaissa ses actions, s'en attribua tout l'honneur, et se fit nommer à sa place pour terminer la guerre de Jugurtha, qui tendait à sa fin. Il la poussa avec vigueur, et parvint par la crainte et par la ruse à engager *Boccus*, roi d'un pays voisin, et allié de Jugurtha, à livrer ce dernier entre ses mains.

Cette guerre lui acquit beaucoup de gloire; il obtint le triomphe, et fut réélu consul une seconde fois, contre la disposition des lois qui exigeaient dix ans entre deux consulats. Ce qui engagea à cette infraction en sa faveur, fut moins le service qu'il venait de rendre, que le besoin que l'on avait d'un homme tel que lui, pour l'opposer à une multitude prodigieuse de barbares sortis du Nord, et qui menaçaient toute l'Italie. Il parvint à en triompher, et fut surnommé *le troisième Fondateur de Rome*, pour l'avoir sauvée du terrible orage qui la menaçait. On rapporte qu'il tua deux cent mille barbares en deux batailles, et qu'il en fit quatre-vingt mille prisonniers. La férocité de son caractère se montra en cette occasion : les femmes des Teutons se voyant privées de leurs défenseurs, avaient envoyé à Marius une députation pour le prier de conserver au moins leur chasteté et leur liberté : le cruel les ayant refusées, ne trouva, quand il entra dans leur camp, que des cadavres sanglans. Ces mères désespérées s'étaient poignardées, elles et leurs enfans, pour prévenir leur déshonneur. Dans l'année suivante il défit les Cimbres, et il y en eut, dit-on, cent mille de tués et soixante mille de prisonniers. Des victoires aussi considérables, et sur-tout aussi importantes, lui valurent un triomphe qu'il partagea avec son collègue *Catulus*, quoique toute la gloire en fût due presqu'à lui seul. Il avait été, pendant cette guerre terrible, cinq fois consul de suite. Le desir de commander n'était plus seulement en lui une ambition, c'était encore une habitude: il brigua un sixième consulat avec autant d'ardeur qu'il avait fait le premier; il fut même jusqu'à l'acheter par l'argent que ses émissaires répandirent secrètement parmi ceux qui avaient le plus de crédit dans les tribus. Cet indigne moyen lui servit aussi à faire exclure Métellus, son bienfaiteur, que ses vertus, son expérience, et les vœux de tous les gens de bien, appelaient au gouvernement de la république. Devenu consul, et en même temps tyran de sa patrie, il parut ne jouir d'aucune satisfaction qu'il n'eût fait bannir de Rome ce vertueux sénateur; enfin, sa magistrature ne fut qu'une suite de troubles et de crimes. Par la suite le peuple, qui revient aussi facilement sur ses erreurs qu'il s'est égaré, rappela Métellus; et Marius, quittant Rome, fut chercher dans l'Asie des ennemis au peuple romain, afin d'être utile encore. Il tâcha de faire naître la guerre contre *Mithridate*, et n'en put venir à bout, du moins suivant ses intentions. Il revint à Rome, et vit avec fureur qu'on avait oublié presque jusques à ses victoires. On ne le regardait au plus, dit Plutarque, que comme ces vieilles armes couvertes de rouille, dont on ne croît pas jamais avoir besoin. De nouveaux capitaines s'étaient emparés de la faveur publique. Parmi ceux-ci, *Sylla* tenait le premier rang, et c'était celui que Marius avait toujours vu avec plus de jalousie. La querelle qui s'éleva entre ces deux hommes, qui devinrent tour-à-tour tyrans de Rome, fit verser des torrens de sang. C'était Sylla qui, dans la guerre de Numidie, avait eu l'adresse d'engager Bocchus à lui livrer Jugurtha, et il aimait à s'en vanter ; il consacra même dans le Capitole quelques figures d'or représentant la manière dont Bocchus lui avait livré les Numides. Marius voulut faire enlever ces monumens qui semblaient rapporter à son questeur, qui n'était qu'un officier subalterne, toute la gloire d'un événement qui s'était passé sous son consulat. Sylla, de son côté, s'y opposa avec une fermeté invincible ; et un si petit sujet devint la source des plus grandes divisions. Sur ces entrefaites, Rome fut obligée de faire la guerre à différens petits peuples de l'Italie qui s'étaient ligués pour obtenir le droit de cité : Marius n'ajouta rien à sa gloire dans cette guerre, et Sylla au contraire s'y montra avec tant d'éclat, qu'on lui décerna ensuite le gouvernement de l'Asie mineure, avec la commission de faire la guerre à Mithridate. Ce fut un coup terrible pour Marius ; son injuste ambition lui faisait croire que tous les emplois lui étaient dus de droit : il se ligua avec un tribun, et fit naître les plus grands troubles, pour trouver l'occasion d'arracher à Sylla la charge de faire la guerre à Mithridate ; on en vint jusques aux mains sur la place. Ce fut alors que Marius se montra généreux, contre son caractère : le consul Sylla ayant été mis en fuite, et se voyant vivement poursuivi, se jeta dans la maison de Marius qu'il trouva ouverte ; celui-ci voulut qu'on respectât ses jours pour le moment. Sylla, qui ne comptait pas sur un second sentiment de générosité, se hâta de quitter Rome, fut rejoindre l'armée qu'il devait conduire en Asie, et laissa Marius maître absolu dans la ville. Ce dernier fit aussitôt ôter à Sylla le commandement de l'armée qui devait marcher contre Mithridate, et y envoya des officiers pour commander, en attendant qu'il y fût arrivé. Les soldats, prévenus contre Marius, assommèrent les officiers. Marius, pour user de représailles, fit tuer plusieurs des amis de Sylla et piller leurs maisons. Sylla se détermina aussitôt à marcher avec son armée sur Rome même ; il y entra, et fit déclarer ennemis du peuple romain Marius et les chefs de son parti qui s'étaient à peine sauvés ; leurs têtes furent mises à prix, et on leur interdit le feu et l'eau, c'est-à-dire, tous les secours de la société : il fut aussi ordonné qu'on les poursuivît aux dépens du public, et qu'on les fît mourir dès qu'on les aurait arrêtés. Marius, alors âgé de plus de soixante-dix ans, après six consulats qu'il avait exercés avec autant d'autorité que de gloire, se vit donc réduit à fuir à pied, sans amis, sans domestiques, sans argent. Après avoir fait quelque chemin dans un état si déplorable, il fut obligé, pour éviter les gens de Sylla qui le poursuivaient, de se jeter dans un marais, au milieu des roseaux, où il passa la nuit enseveli et enfoncé dans la bourbe jusqu'au cou. Il en sortit au point du jour pour tâcher de gagner les bords de la mer, dans l'espérance de trouver quelque vaisseau qui faciliterait sa sortie de l'Italie; mais ayant été reconnu par des gens de Minturne, on l'arrêta : il fut conduit dans cette ville la corde au cou, tout nu et couvert de boue. Le magistrat, pour obéir aux ordres du sénat, lui envoya aussitôt un esclave public, Cimbre de nation, pour le faire mourir. Marius voyant entrer cet esclave dans sa prison, et jugeant de son dessein par une épée nue qu'il avait à la main, lui cria d'une voix forte : *Barbare ! as-tu bien la hardiesse d'assassiner Marius !* L'esclave, épouvanté du seul nom d'un homme si redoutable aux Cimbres, jette son épée, et sort de la prison tout ému, en criant : *Il m'est impossible de tuer Marius.* Les magistrats de Minturne regardèrent la peur et le trouble de cet esclave comme un mouvement du ciel qui veillait à la conservation de cet homme extraordinaire ; et, touchés d'un sentiment de religion, ils lui rendirent la liberté. Il s'embarqua enfin, courut risque d'être pris en Sicile, et arriva en Afrique près de Carthage. *Sextilius*, qui commandait en qualité de préteur dans cette province, n'eut pas plutôt appris son arrivée, qu'il lui envoya par un licteur l'ordre de quitter sur-le-champ son gouvernement. Marius, pénétré de douleur et de colère de ne pouvoir pas trouver un coin de terre où il pût être en sûreté ; après s'être vu, pour ainsi dire, maître du monde entier, gardait un morne silence en regardant fièrement ce licteur ; mais étant pressé de lui donner réponse : *Reporte à ton maître*, lui dit-il, *que tu as vu Marius banni de son pays, assis sur les ruines de Carthage ;* comme si, par la comparaison de ses disgraces avec la chute du puissant empire des Carthaginois, il eût voulu instruire le préteur de l'instabilité des plus grandes fortunes.

Il se rembarqua ensuite, malgré la rigueur de la saison, et il passa une partie de l'hiver dans son vaisseau, à errer sur ces mers. Enfin, il apprit que de nouveaux désordres bouleversaient Rome, et lui offraient l'occasion d'y rentrer.

Tandis que Sylla poursuivait la guerre en Asie, *Cinna* et *Octavius*, consuls de cette année, combattaient l'un contre l'autre ; le premier était à la tête d'un corps de troupes proche de Capoue, et l'autre dans la ville de Rome. Cinna, sentant qu'il avait besoin d'avoir dans son parti un de ces hommes hardis et qui ont déjà été les idoles de la multitude, appela auprès de lui Marius qui se hâta d'arriver : le desir ardent que celui-ci avait de se venger, lui fit accepter facilement le second rôle, très-sûr qu'il remplirait bientôt le premier. Tous deux réunis marchèrent sur Rome, et s'en emparèrent sans difficulté. Marius cependant, qui voulait affecter un instant une sorte de crainte et de respect pour les lois, s'arrêta à la porte de la ville, en protestant qu'il n'y entrerait jamais que le décret qui le condamnait ne fût levé par le peuple même. Il fallut, pour le contenter, assembler les citoyens dans la place. Mais à peine deux ou trois des premières tribus eurent-elles donné leurs suffrages, que trouvant la cérémonie trop longue, et impatient de satisfaire son humeur cruelle, il laissa tomber le masque, et se jeta dans la ville avec une troupe de satellites qui massacrèrent sur-le-champ ceux qu'il leur avait prescrits. Il fit ensuite porter leurs têtes sur la tribune aux harangues; et comme s'il eût voulu étendre sa vengeance au-delà même de la mort, il ordonna qu'on laissât ces cadavres mutilés dans les rues, pour être dévorés par les chiens. Les massacres ne se bornèrent point là : Rome vit chaque jour périr quelques-uns de ses plus illustres citoyens. La troupe furieuse d'esclaves que Marius avait appelés auprès de lui, sous promesse de la liberté, égorgeait les chefs de famille, pillait les maisons, violait les femmes et enlevait les enfans.

Au moindre signe que leur faisait Marius, ils poignardaient ceux qui se présentaient devant lui : ils avaient même ordre de tuer sur-le-champ tous ceux à qui il ne rendrait pas le salut ; de sorte que ses propres officiers et ses amis mêmes ne l'abordaient jamais qu'en tremblant, et toujours incertains de leur destinée.

Au milieu de tant de sang répandu, Marius se plaignait que la principale victime lui était échappée ; la pensée que Sylla vivait et se trouvait dans une situation à n'avoir rien à craindre, était un supplice pour lui. Il voulut au moins assouvir la soif qu'il avait de son sang sur sa femme et ses enfans ; mais ils purent se sauver, et il eut encore le tourment d'apprendre qu'ils étaient en sûreté dans le camp de Sylla. Sa fureur se jeta alors sur les choses inanimées ; il fit raser la maison de ce général, et confisquer ses biens ; et pendant que Sylla ajoutait de grandes provinces et des royaumes entiers à la domination des Romains, il n'eut point de honte de le faire déclarer ennemi de la république. Ensuite Cinna et lui se firent déférer en même temps le consulat

consulat pour l'année suivante, afin de se fortifier de l'autorité de cette souveraine magistrature contre le ressentiment et les forces de Sylla, dont ils redoutaient le retour en Italie.

En effet ce général, pressé à son tour de se venger de tant d'horreurs, écrivit au sénat le détail de sa conduite, de ses victoires, et termina sa lettre en disant que dans peu il serait dans Rome à la tête d'une armée puissante, et qu'alors il se vengerait hautement des injures particulières et publiques. Cette lettre, et les nouvelles qui venaient tous les jours que Sylla se disposait à tourner ses armes contre les deux consuls, répandirent une nouvelle terreur dans Rome, qui avait autant à craindre d'un tyran que de l'autre. Marius, accablé d'années, et le corps épuisé par les fatigues de la guerre, craignait d'être obligé de se remettre en campagne, sur-tout quand il envisageait qu'il aurait à combattre contre un ennemi puissant, grand capitaine, toujours heureux, encore dans la force de l'âge, vif, actif, diligent, et qui l'avait déjà chassé une fois de Rome.

Il repassait dans son esprit ses anciennes disgraces, sa fuite, son exil, les périls qu'il avait courus tant sur terre que sur mer, et il tremblait de se voir exposé encore aux mêmes dangers. Ces tristes réflexions ne l'abandonnaient point; il en perdit même le sommeil. Ce fut pour se le procurer et pour se débarrasser de ces idées funestes, qu'il se jeta dans la débauche de la table. Il cherchait à noyer ses inquiétudes dans le vin, et il ne trouvait de repos que quand il n'avait plus de raison. Ce nouveau genre de vie, et les excès qu'il fit, lui causèrent une pleurésie, dont il mourut le dix-septième jour de son consulat, l'an 82 avant notre ère. Quelques historiens pensent qu'il s'empoisonna. Cette fin était plus digne d'un monstre tel que lui.

SYLLA,

DICTATEUR ROMAIN,

Né l'an 138 avant notre ère.

Lucius Cornelius Sylla était d'une maison patricienne, mais peu riche et peu estimée ; il dut à lui seul son élévation. Sa jeunesse fut celle d'un débauché ; on le voyait continuellement avec des comédiens, des joueurs d'instrumens et autres gens de cette espèce. Son grand plaisir était de boire et de jouer avec eux. Parmi les courtisanes qu'il fréquentait aussi, il s'en trouva une, nommée *Nicopolis*, qui se prit d'amour pour lui, et qui lui laissa en mourant sa fortune qui était assez considérable. Sylla, plus à son aise, se livra à une passion plus terrible encore que les vices qui jusqu'alors l'avaient occupé tout entier ; il se montra ambitieux, et le devint plus ardemment à mesure qu'il s'avança. Orateur éloquent, courageux et instruit dans l'art militaire, il lui fut facile de parvenir dans un état où le plus important était de savoir battre l'ennemi et discuter les affaires publiques. Sylla sembla prendre le parti des nobles, au contraire de Marius qui favorisait celui du peuple. Nous ne le suivrons point dans les différentes guerres où il se distingua. Nous avons vu dans l'article précédent, qu'il excita dans Marius la plus vive jalousie, et que, pendant son consulat, pour se venger du mal que ce dernier lui voulait faire, il le contraignit à fuir et le condamna à la mort. Marius, à son tour, tenta de se venger de son ennemi particulier; mais Sylla, au milieu de son armée, se moqua de sa fureur. Cependant la crainte qu'il avait de voir Rome, qu'il regardait déjà comme sa proie, demeurer entre les mains de tout autre que lui, le porta à tout mettre en œuvre pour terminer la guerre qu'il faisait au roi Mithridate. Il la termina en effet en assez peu de temps, et d'une manière aussi glorieuse pour lui qu'avantageuse pour Rome. Ce fut pendant cette guerre qu'éprouvant le besoin d'argent, il fit dépouiller de leurs trésors les temples de la Grèce. Les prêtres de celui de Delphes, pour conserver les richesses qui étaient sous leur garde, s'avisèrent de dire qu'Apollon manifestait tous les jours sa colère en faisant entendre dans les airs le son de sa lyre. *Eh quoi !* leur fit répondre Sylla, qui se moquait de ces superstitions, *ne savent-ils pas que la musique est le signe de la joie? Le dieu est donc très-satisfait de ma conduite.* Il disait aussi en recevant l'argent qui revenait du dépouillement des temples : *Qui pourrait douter du succès de la guerre, puisque les dieux eux-mêmes payent nos troupes ?* Si ces reparties étaient assez agréables, les mots qui lui échappaient dans de grandes occasions sont plus dignes encore d'être rapportés. A Orchomènes, où il remporta une grande victoire, ses troupes ployèrent dans le commencement et prirent la fuite; Sylla, ne sachant plus comment les arrêter, descendit de cheval, saisit une enseigne, et affrontant le danger: *Il m'est glorieux de mourir ici !* s'écria-t-il ; *vous autres, si l'on vous demande où vous avez abandonné votre général, vous répondrez : à Orchomènes.* Dans le temps qu'il pressait vivement les Athéniens qu'il assiégeait, ceux-ci lui envoyèrent des députés qui lui parlèrent avec emphase de Thésée, de Codrus, des victoires de Marathon et de Salamine. *Allez*, leur répondit-il, *glorieux mortels; portez ces beaux discours dans vos écoles : je ne suis point ici pour apprendre votre histoire, mais pour châtier des rebelles.* Athènes fut prise d'assaut et livrée au pillage. Le vainqueur prêt à la raser, se rappela la gloire de ses anciens héros, *et pardonna aux vivans en considération des morts.*

Si Sylla eût perdu la vie en terminant la guerre de Mithridate, il eût été regretté de ses concitoyens, et placé parmi les plus illustres Romains; mais il devait vivre pour effacer les crimes mêmes de Marius par des crimes plus grands encore. La paix conclue avec le roi de Pont, il laissa à *Muréna* le commandement dans l'Asie, et reprit avec son armée le chemin de l'Italie. Dans la Campanie il fut joint par un grand nombre de Romains des premières maisons, qui avaient été proscrits; et à leur exemple *Cnéius Pompéius*, connu depuis sous le nom de *grand Pompée*, vint le trouver avec trois légions dans la Marche d'Ancone. Malgré ces secours, les forces de Sylla étaient encore inférieures à celles de ses ennemis; il eut récours à la ruse et aux intrigues: il les fit consentir à une suspension d'armes, à la faveur de laquelle il gagna, par des émissaires secrets, un grand nombre de soldats du parti opposé. C'est à cette occasion que le consul *Carbon*, qui marchait contre lui, disait *que dans le seul Sylla il avait à combattre un lion et un renard, mais qu'il craignait bien plus le renard que le lion*. Il battit ensuite le jeune *Marius*, qui avait succédé à son père dans le même parti, et le força de s'enfermer dans Préneste, où il l'assiégea sur-le-champ. Après avoir bien établi ses postes autour de la ville, il marcha vers Rome avec un détachement: il y entra sans opposition, et borna, pour le moment, sa vengeance à faire vendre publiquement les biens de ceux qui avaient pris la fuite.

Il retourna ensuite devant Préneste, et s'en rendit maître. La ville fut livrée au pillage, et peu de Romains du parti opposé échappèrent à la cruauté du vainqueur. Sylla ayant ainsi dompté tous ses ennemis, prit solemnellement le titre d'*Heureux*. Ce nom lui avait été donné par ses ennemis mêmes, qui attribuaient ses succès guerriers à la fortune, afin de diminuer sa gloire; il l'adopta, lui, dans l'intention de joindre à sa domination une sorte d'idée superstitieuse, comme si les dieux eussent eu pris soin d'assurer son sort.

Ce fut à partir de là qu'il commit ces excès qui ont attaché à sa mémoire un odieux qui ne s'effacera jamais: chacun de ses jours fut marqué par quelque injustice et quelque cruauté. Son entrée dans Rome annonça dès-lors ce qu'il serait: il avait rassemblé le sénat dans le temple de Bellone; tout-à-coup on entendit les cris d'une multitude de personnes qui semblaient livrées au désespoir le plus affreux: tous les sénateurs parurent extrêmement émus; Sylla, qui alors faisait un discours, s'interrompit froidement, et dit : *Ne détournez point votre attention, pères conscrits ; c'est un petit nombre de rebelles qu'on châtie par mon ordre.* Ce petit nombre consistait en sept mille prisonniers à qui le monstre avait promis la vie, et qu'il faisait massacrer contre sa parole donnée. Ce carnage fut le signal des meurtres dont la ville fut remplie les jours suivans. Dans cette désolation générale, un jeune sénateur nommé *Caïus Métellus* fut assez hardi pour oser demander à Sylla, en plein sénat, quel terme il mettrait aux infortunes de ses concitoyens. *Nous ne demandons point*, lui dit-il, *que tu pardonnes à ceux que tu as résolu de faire mourir ; mais délivre-nous d'une incertitude pire que la mort, et du moins apprends-nous ceux que tu veux sauver.* Sylla, sans paraître s'offenser de ce discours, répondit qu'il n'avait point encore déterminé le nombre de ceux à qui il voulait faire grace. *Fais-nous donc connaître*, ajouta un autre sénateur, *ceux que tu as condamnés.* Sylla repartit froidement : *Je le ferai.* Il prit alors le parti d'afficher les noms de tous ceux qu'il proscrivait; il avait, disait-il, proscrit d'abord ceux dont il s'était souvenu, et se réservait la liberté de marquer les autres à mesure qu'ils se présenteraient à sa mémoire. Il étendit ensuite sur des villes, sur des nations entières, cette proscription qui n'était d'abord tombée que sur des particuliers. Elle n'enveloppa pas seulement ceux du parti contraire; Sylla, à qui la mort d'un homme ne coûtait rien, permit à ses amis et à ses officiers de se venger impunément de leurs ennemis particuliers : les grands biens devinrent un crime, et quiconque passait pour riche n'était point innocent. *Quintus Aurélius*, citoyen paisible, qui avait toujours vécu dans une heureuse obscurité, sans être connu ni de Marius ni de Sylla, appercevant avec étonnement son nom dans les tables fatales où l'on écrivait ceux des proscrits, s'écria avec douleur : *Malheureux que je suis ! c'est ma belle maison d'Albe qui me fait mourir!* et à deux pas de là il fut assassiné par un meurtrier qui s'était chargé de le tuer. Mais comme toutes ces usurpations pouvaient n'être pas durables, ceux qui en profitaient lui firent insinuer qu'il devait se revêtir de la dignité de dictateur, afin de donner force de loi et une apparence de droit à tant de dispositions différentes qu'il faisait dans la république. Sylla, dont l'ambition alors semblait n'avoir point de bornes, écouta facilement ces conseils, et se fit déclarer dictateur perpétuel. Rome, pour la première fois, depuis qu'elle avait chassé ses rois, eut un maître publiquement reconnu. Ce despote parut dans la place avec un appareil plus formidable que jamais, et ôta jusqu'à l'espoir de la liberté. Il changea les anciennes lois, en fit de nouvelles, et bouleversa toute la république à son gré.

Ce qui est plus étonnant encore que toutes ses cruautés, c'est que ce monstre, après avoir joui de l'autorité la plus étendue, s'en dépouilla de lui-même, au moment où personne n'eût osé manifester la plus légère opinion contraire à la sienne. Il abdiqua publiquement le souverain pouvoir, rendit Rome à sa liberté et à ses magistrats, et rentra dans la classe des simples citoyens. Un jeune homme eut la hardiesse, déplacée alors, de l'accabler d'injures, comme il descendait de la tribune; Sylla se contenta de dire à ses amis qui l'environnaient : *Voilà un jeune homme qui empêchera qu'un autre songe à quitter une place semblable à celle que j'occupais.* Cet homme, couvert du sang de ses concitoyens, se retira à Pouzzoles, et s'y livra à la débauche. Il appela auprès de lui les farceurs, les joueurs d'instrumens et l'espèce d'aventuriers qui avaient fait les délices de sa jeunesse. Pas un de ceux qui pleuraient leurs parens ou leurs amis ne parut songer à troubler sa retraite, en lui demandant compte du sang qu'il avait versé. Cette tranquillité où on le laissa est peut-être plus extraordinaire que tout ce qu'il avait fait dans le cours de sa vie, et justifia en quelque sorte le surnom d'*Heureux* qu'il avait choisi.

Enfin il prit soin de se punir lui-même; ses débauches lui amenèrent une maladie cruelle, dont il mourut. Son corps se couvrit de vermines, sans que, quelque soin que l'on prît de lui, il fût possible de les détruire entièrement. Un apostume qu'il avait intérieurement creva quelques jours après, et il mourut dans sa soixantième année, 78 ans avant l'ère vulgaire. Voici les réflexions que fait le savant Rollin au sujet de Marius et de Sylla.

« Marius et Sylla nous montrent combien peuvent être funestes les suites d'une ambition mal réglée. On est moins étonné que Marius, qui avait toujours eu dans l'humeur quelque chose de dur, d'austère et de farouche, qui était sans étude, sans éducation, sans politesse, ait porté la vengeance et la cruauté aussi loin qu'on l'a vu; mais de tels excès sont presque incroyables dans un homme du caractère de Sylla, qui avait toujours paru doux, humain, tendre, capable de pitié pour le malheur des autres, jusqu'à verser des larmes; qui, dès sa jeunesse, avait aimé la joie et les plaisirs, et qui d'abord avait usé de la fortune qui lui était survenue avec modération et une sorte de sagesse. Serait-ce, demande Plutarque, un changement de naturel et de mœurs causé par de grands honneurs et de grandes prospérités, ou plutôt un simple développement d'une dépravation cachée dans le fond du cœur, à laquelle le souverain pouvoir donne liberté de se manifester ? Quoi qu'il en soit, il faut conclure que l'ambition, quand il s'agit d'écarter un rival, est capable des crimes les plus noirs et des cruautés les plus inhumaines. »

» Celle de Sylla produisit les effets les plus funestes pendant plusieurs siècles. Possédé par une passion démesurée de dominer, il fut le premier qui, pour gagner l'affection des troupes, les corrompit par les lâches complaisances qu'il eut pour elles, et par les largesses excessives qu'il leur fit. Il leur apprit qu'elles pouvaient donner des maîtres à l'empire; et c'est depuis ce premier exemple que ces légions s'accoutumèrent à regarder comme un droit qui leur appartenait, à l'exclusion même du sénat, de disposer absolument de l'empire, de faire et défaire les empereurs selon leurs caprices, sans respecter le mérite des plus grands et des meilleurs princes. »

L'épitaphe de Sylla, et qu'il avait faite

lui-même, portait en substance : *Que jamais homme n'avait plus que lui fait de bien à ses amis, et de mal à ses ennemis.*

LUCULLUS,

GÉNÉRAL ROMAIN,

Né l'an 115 avant notre ère.

Lucius Licinius Lucullus, de famille consulaire, naquit vers l'an 115 avant notre ère. Son père avait été condamné à une amende pour avoir manqué aux lois de la probité dans le maniement des finances : cette tache retombait sur le jeune Lucullus, et pouvait lui devenir très-préjudiciable ; il tâcha de trouver en faute l'accusateur de son père, et le dénonça. Quoiqu'il n'eût pas réussi dans son dessein, cette tentative le fit connaître d'une manière avantageuse parmi les Romains, et lui ouvrit la porte des honneurs. Il avait reçu de la nature tout le génie qui dispose et assure les succès, et son application aux lettres grecques et romaines avait achevé d'en faire un homme du premier mérite. Après avoir paru avec éclat dans le barreau, il fut fait questeur en Asie, et préteur en Afrique. Il gouverna ces deux provinces avec beaucoup de justice et d'humanité. Ses premiers exploits militaires furent contre *Amilcar*, sur lequel il remporta deux victoires navales. Sylla, qui avait remarqué tout ce qu'on pouvait attendre de lui, s'était plu à l'élever, et en avait fait un de ses plus intimes amis. Ce fut à lui que l'heureux tyran dédia ses mémoires; il le fit aussi, à sa mort, tuteur de ses enfans, ce qui seul suffit pour montrer quelle était la confiance que Sylla avait en lui. Lucullus n'avait cependant rien de la férocité du dictateur; la douceur formait au contraire le fond de son caractère: il ne montra de sévérité qu'envers ses troupes, qu'il voulut maintenir dans la plus exacte discipline; mais, quoique ses soldats s'en fussent plaints, on ne peut lui en faire un reproche raisonnable.

Un an après la mort de Sylla, il fut élu

consul avec *Marcus Cotta*. Il était alors question de recommencer la guerre contre Mithridate, qui pouvait redevenir un très-dangereux ennemi pour les Romains. Lucullus brûlait d'avoir la conduite de cette guerre, et n'eût jamais vu ses vœux remplis, s'il n'eût eu recours à un moyen indigne de lui. Il y avait alors un certain *Céthégus*, qui, en flattant le peuple dans tous ses discours, conduisait la plus grande partie des affaires de la république, et disposait de tous les emplois et de tous les gouvernemens : il lui suffisait de faire l'éloge de quelqu'un sur la place publique ; la multitude, toujours aveugle, avait tant de confiance en lui, qu'elle adoptait aussitôt tous ceux qu'il lui présentait. Lucullus était malheureusement pour lui assez mal alors avec ce Céthégus : il ne se rebuta pas pour cela ; il fut faire sa cour à une sorte de courtisane dont Céthégus était extrêmement amoureux, et à laquelle il avait laissé prendre tout empire sur lui. Cette femme, orgueilleuse de voir un homme du mérite de Lucullus venir grossir le nombre de ses admirateurs, ne manqua pas de le recommander à Céthégus. Celui-ci le recommanda à son tour au peuple ; et Lucullus obtint, par ce détour obscur, le gouvernement de la Cilicie, et le commandement des armées qu'on envoyait contre Mithridate. Marcus Cotta, son collègue, supplia tant le sénat, qu'on le fit aussi partir avec une armée navale pour garder les côtes de la Propontide, et défendre la Bithynie. Mais il se laissa enfermer dans la Chalcédoine, et ne s'en serait pas retiré à son honneur, si Lucullus ne fût venu le dégager. Celui-ci remporta une victoire signalée sur les bords du Granique, et commença à inspirer de grandes craintes à Mithridate, qui avait beaucoup trop compté sur le grand nombre de ses soldats. L'année d'ensuite le général romain reprit toute la Bithynie, à l'exception de la ville de Nicomédie, où Mithridate s'était enfermé. Il détruisit dans deux journées une flotte que ce prince avait envoyée en Italie. Le vaincu, désespéré de la perte de ses forces maritimes, se retira dans son royaume, où le vainqueur le poursuivit. Les progrès de Lucullus furent d'abord assez lents ; mais la fortune le seconda ensuite au-delà de ses espérances, et le dédommagea bien du danger qu'il avait couru d'être assassiné par un transfuge vendu à Mithridate. Les troupes de ce prince ayant attaqué, dans un endroit désavantageux, un convoi escorté par quelques milliers de Romains, elles furent entièrement défaites et dissipées ; l'alarme fut dans le camp de Mithridate, qui prit la fuite sur-le-champ, et se réfugia chez *Tigrane*, son beau-père, roi d'Arménie.

Lucullus voulut poursuivre ses conquêtes, et aller chercher son ennemi jusque dans son dernier refuge, où il paraissait inattaquable. Il s'achemina donc vers l'Euphrate, et passa ce fleuve sans difficulté. A Rome on blâma cette entreprise, qui ne semblait qu'une témérité qui pouvait devenir funeste aux Romains. Tigrane était en effet un prince dont les états étaient très-étendus, qui avait plusieurs rois sous ses ordres, et des armées innombrables. Mais cette puissance était plutôt dans l'apparence que dans la réalité, comme la suite le prouva. Son orgueil et sa confiance étaient encore au-dessus de sa fortune. Quand on lui apprit que Lucullus avait passé le Tigre, et qu'il était déjà dans l'Arménie, il ne voulut jamais le croire, tant il méprisait les autres nations, et il ordonna que l'on tranchât la tête du malheureux qui avait osé lui donner cet avis nécessaire. Cette barbarie, digne d'un homme hors de bon sens, hâta sa perte, si elle ne la causa pas. Quels que fussent les progrès de Lucullus dans ses états, il ne se trouva personne d'assez hardi ou d'assez dévoué pour l'avertir de ce qui se passait, et lui conseiller ce qu'il devait faire. Ce retard empêcha de prendre des mesures qui eussent arrêté le vainqueur dans sa course. Le danger devenant plus pressant, *Mithrobarzane*, un de ses favoris, se hasarda de lui en parler encore une fois; le despote ne reçut guère mieux ce second avis que le premier, et ordonna à ce trop zélé courtisan d'aller combattre Lucullus, de défaire son armée, et de l'amener lui-même vivant. Il était plus facile de donner l'ordre que de l'exécuter. Mithrobarzane partit sur-le-champ avec le peu de troupes qu'on lui donna, et se fit tuer par un des lieutenans de Lucullus.

Tigrane sut alors à quels gens il avait affaire, et plus lâche encore que présomptueux, il abandonna sa ville de Tigranocerte, et se retira vers le mont Taurus avec une nombreuse armée. *Sextilius*, que Lucullus avait envoyé à sa poursuite, le fit marcher plus vîte qu'il ne voulait, et le contraignit à abandonner ses bagages pour fuir plus facilement. Lucullus s'achemina ensuite vers Tigranocerte, et mit le siége devant.

Cependant Tigrane avait eu le temps de rassembler une armée immense, composée de vingt nations différentes. Cette force, dont il se vit entouré, lui rendit tout son orgueil, que ses premiers revers avaient beaucoup diminué. Il ne voulut plus écouter aucun des conseils prudens qu'on lui donnait; ceux qui lui présentaient quelque sage mesure couraient risque de la vie. La victoire lui semblait si assurée, qu'il ne s'occupait plus que des moyens de faire repentir les Romains d'avoir osé mettre le pied dans ses états. *Une seule chose lui faisait de la peine*, disait-il; *c'était de n'avoir que Lucullus à combattre, et non tous les capitaines romains ensemble.* Cette fanfaronade, ajoute Plutarque qui la rapporte, ne paraîssait pas si folle, quand on voyait autour de lui tant de nations diverses, tant de rois qui le suivaient, et une armée si considérable. Il avait cent vingt mille hommes de trait seulement, cinquante-cinq mille cavaliers, cent cinquante mille fantassins, et trente-cinq mille pionniers, charpentiers, maçons et autres ouvriers qui suivaient en ordre la queue de l'armée. « Quand il fut au-dessus du mont Taurus, continue Plutarque, et que l'on put de la ville voir entièrement son armée, et que lui de son côté put embrasser de ses regards celle de Lucullus, qui tenait toujours Tigranocerte assiégée, les barbares qui y étaient renfermés poussèrent de grands cris de joie, et menacèrent de dessus leurs murailles les Romains, en leur montrant l'armée des Arméniens. » La situation de Lucullus était embarrassante, mais son courage et sa prudence suppléèrent aux forces qui lui manquaient. Il divisa son armée, laissa

Muréna avec six mille combattans devant la ville, et marcha lui-même à l'encontre de Tigrane avec environ dix mille hommes de trait et toute sa cavalerie. Quand Tigrane vit cette petite armée, dont il était séparé par la rivière, il ne fit qu'en rire, et ne put jamais imaginer qu'on vînt l'attaquer avec une pareille poignée de monde. Ce fut pendant tout le jour un sujet de raillerie parmi ses courtisans; chacun des rois et des capitaines venait lui demander la grace de combattre ce jour-là, tandis que lui, retiré à l'écart et dans un lieu commode, prendrait plaisir à regarder la bataille comme une sorte de divertissement. Le lendemain il fallut bien changer de propos. Lucullus remonta la rivière pour chercher un gué. Tigrane, qui prit ce mouvement pour une fuite que sa présence seule avait occasionnée, se réjouissait déjà : mais quand il vit les Romains qui avaient passé à gué, marcher sur lui, il fut long-temps sans en pouvoir croire ses yeux. *Quoi ! ils viennent donc à nous?* demanda-t-il plusieurs fois. Sa funeste présomption l'avait tellement endormi, que les Romains l'attaquaient déjà et que son immense armée n'était pas encore en bataille. Lucullus plein de courage, et voulant l'inspirer aux siens, marchait devant tous, et cria, en portant le premier coup : *La victoire est à nous !* Sa confiance passa dans tous les rangs, tandis que la crainte et le désordre passèrent dans ceux des ennemis. Leur étonnement avait été si grand, qu'ils prirent aussitôt la fuite en poussant des hurlemens horribles. L'avant-garde porta la confusion dans le corps d'armée qui, étant très-profond, ne put facilement se replier sur lui-même. Cette multitude d'hommes fut vaincue par son nombre même qui l'embarrassa. Tigrane fut des premiers à fuir, et ne se trouva accompagné que de très-peu de monde. Dans la crainte d'être reconnu, il ôta son diadême, et le remit à son fils qui fuyait également. Le jeune prince n'osant le placer sur sa tête, le donna à un de ses amis qui fut pris par les Romains. Ainsi le diadême de Tigrane, qui se faisait appeler *le roi des rois*, tomba entre les mains de Lucullus.

Jamais

Jamais les Romains ne remportèrent une aussi grande victoire avec si peu de monde. Plutarque dit qu'ils ne perdirent que cinq hommes, et qu'il y eut plus de cent mille hommes de pied et presque toute la cavalerie de tués du côté des ennemis. La disproportion est trop grande pour paraître croyable, mais elle fait voir au moins quel fut l'avantage des Romains dans cette bataille. Lucullus prit ensuite d'assaut Tigranocerte, et se concilia l'amitié de plusieurs rois de ces pays, qui abandonnèrent le parti de Tigrane. Si ce grand capitaine eût aussi bien su se faire aimer de ses soldats qu'il savait vaincre, il eût fait des choses plus grandes encore; mais sa hauteur et sa sévérité lui avaient aliéné presque tous les esprits; la division était dans son armée, et ses soldats refusèrent plusieurs fois de lui obéir. Malgré ces obstacles, il battit encore les Arméniens en diverses rencontres, et remporta, devant Artaxata, une victoire plus considérable même que la première.

Depuis cette époque ses affaires changèrent un peu de face; il perdit une bataillé contre Mithridate, et ses troupes se mutinèrent à tel point qu'il ne lui fut plus possible de rien entreprendre. D'un autre côté, ses ennemis de Rome lui firent retirer le commandement de l'armée, et envoyèrent à sa place Pompée, qui était revenu d'Espagne. Celui-ci le joignit dans une bourgade de la Galatie. Les deux généraux se virent mutuellement d'un très-mauvais œil, et se firent des reproches très-amers et très-fondés. Pompée reprocha à Lucullus son avidité pour les richesses, et Lucullus reprocha à Pompée son envie et son ambition. Il est certain que Lucullus avait lieu de se plaindre; après tout ce qu'il avait fait, il aurait eu droit d'attendre plus de justice de ses concitoyens, si une tourbe entraînée au gré des passions d'autrui pouvait jamais être juste. Pompée ne venait le remplacer que pour recueillir le fruit et la gloire de ses travaux. Quand il fut de retour à Rome, il demanda les honneurs du triomphe, et fut presque sur le point de ne pas les obtenir, comme s'il n'eût pas vaincu et presque abattu les deux plus grands rois de ce temps.

Toutes ces injustices et la tournure qu'il voyait prendre aux affaires, lui causèrent un mécontentement qui le rendit tout entier à lui-même : il ne voulut plus vivre que pour ses amis, les lettres et le plaisir ; et l'on vit cet homme, qui avait passé la plus grande partie de sa vie dans les épines de l'ambition et les fatigues de la guerre, donner le reste à l'oisiveté et aux jouissances les moins dignes de louanges. Pour s'excuser il disait souvent : *La fortune a des bornes ; c'est à l'homme d'esprit de les connaître.* Immensément riche, il se plut à surpasser la magnificence et le luxe des plus grands rois qu'il avait vaincus. On eût pris pour un enchantement les ouvrages qu'il fit faire sur les côtes de la Campanie et aux environs de Naples. Il creusa des routes sous des collines, qui demeuraient ainsi, en quelque façon, suspendues ; il conduisit des canaux autour de ses édifices pour y recevoir l'eau de la mer, et y nourrir du poisson, qu'il ramassa en si grande quantité, qu'après sa mort il en fut vendu pour quatre millions de sesterces (environ cinq cent mille francs);

il bâtit des cabinets de plaisance au milieu de la mer même. Il avait près de Tusculum une maison de campagne heureusement située, ornée de grandes galeries et de salons ouverts de tous côtés pour recevoir le jour et l'air, avec des promenades très-étendues. Pompée l'y étant venu voir, ne trouva qu'un défaut à cette maison ; c'est qu'elle était très-commode pour l'été, mais inhabitable pour l'hiver. Lucullus se mit à rire : *Pensez-vous*, répondit-il, *que j'aie moins d'esprit que les grues et les cigognes, et que je ne sache pas changer de demeure selon les saisons?* Un préteur desirant donner des spectacles au peuple, pria Lucullus de lui prêter quelques manteaux de pourpre pour habiller ses personnages. Lucullus lui répondit qu'il ferait visiter sa garde-robe, et que, s'il en avait, il les lui prêterait volontiers. Le préteur n'en avait besoin que de cent; Lucullus lui en envoya cinq mille.

Il y avait dans toutes ses dépenses plus de vanité que de bon sens. Sans rien ajouter à son bonheur par sa folle profusion, il justifiait le langage de ses ennemis, qui l'accusaient d'avoir détourné à son profit ce qui revenait à la république ; et il est plus que probable que leur accusation était vraie. On rapporte que quelques Grecs qui étaient venus à Rome, furent accueillis dans sa maison avec tant de magnificence, qu'ils craignirent d'y revenir, pour ne point lui occasionner de nouvelles dépenses. Lucullus ayant appris le motif qui les retenait, leur dit en souriant : *Que cette raison ne vous empêche point de me venir voir : il est vrai que je fais quelque chose de plus pour vous rendre honneur ; mais sachez que la plus grande partie se fait aussi pour l'amour de Lucullus.* Il se fâcha un jour très-sérieusement contre son maître d'hôtel, qui, sachant qu'il devait souper seul, avait fait préparer un repas moins somptueux que de coutume. *Ne savais-tu pas*, lui dit-il, *qu'aujourd'hui Lucullus devait souper chez Lucullus ?*

Cicéron et Pompée voulurent savoir jusqu'à quel point allait sa dépense quand il n'attendait personne : l'ayant rencontré, ils lui demandèrent s'il serait content qu'on allât chez lui. Très-fort, répondit-il. Dans ce cas, reprit Cicéron, nous souperons avec vous aujourd'hui, mais à une condition ; c'est que vous ne ferez rien de plus que votre ordinaire. Lucullus y consentit : ses convives ne voulurent même point qu'il les quittât, ni qu'il donnât des ordres pour le repas ; il put seulement dire à un de ses gens *que l'on souperait dans la salle d'Apollon*. C'était-là le signal convenu ; chaque salle avait un nom, et les serviteurs savaient combien il fallait dépenser pour les repas qu'on prenait dans chacune de ces salles. Celle d'Apollon était la plus magnifique, et celle où se faisaient les repas les plus somptueux. Le souper de ce soir coûta environ vingt-cinq mille francs. Telles étaient les folies de ce personnage, qui serait tout-à-fait tombé dans le mépris, si le souvenir de ses grandes actions et de ses excellentes qualités n'eût couvert la honte d'une pareille conduite.

Il aimait passionnément les sciences, et avait pris plaisir à rassembler chez lui tous les livres qu'il avait pu trouver à acheter ;

mais sa bibliothèque n'était point un trésor dont il voulait seul user, elle était ouverte à tous ceux qui desiraient de s'y instruire. Les portiques qui régnaient à l'entour étaient des promenades presque toujours occupées par des savans, qui s'entretenaient entr'eux ; Lucullus lui-même venait souvent jouir de leur conversation, et s'y distinguait par la délicatesse de son esprit et la variété de ses connaissances. Cicéron, son intime ami, l'introduit dans un de ses dialogues, discutant quelque point de philosophie.

Enfin cet homme illustre tomba en démence sur la fin de sa vie. Cornélius-Népos, cité par Plutarque, prétend que ce fut la suite d'un breuvage que lui donna un de ses esclaves, dans l'intention superstitieuse de s'en faire aimer davantage. Il mourut âgé de 68 ans, avec la réputation d'un homme qui égalait Sylla pour le mérite militaire, et le surpassait pour les vertus civiles. Le peuple voulut qu'il fût enterré aux dépens publics, et avec toutes sortes d'honneurs ; mais son frère, chargé de lui rendre ce triste devoir, fit observer qu'il ne restait pas assez de temps pour donner à ces funérailles la pompe que l'on desirait.

Le plus grand service qu'il rendit à l'Europe, et dont nous jouissons encore aujourd'hui, n'est pas d'avoir détrôné Mithridate et vaincu Tigrane, mais d'avoir apporté les cerisiers du royaume de Pont. Depuis lors ils se sont multipliés et répandus par-tout où nous les voyons. Ce service ne donne point de gloire, mais il est utile à l'humanité, et les vrais appréciateurs des actions des hommes doivent donner de préférence leurs louanges à de pareils bienfaits.

POMPÉE LE GRAND,

GÉNÉRAL ROMAIN,

Né l'an 106 avant notre ère.

Cornélius Pompéius naquit l'an 106 avant notre ère. Ce fut sous son père *Pompée Strabon*, l'un des meilleurs capitaines du temps, qu'il fit ses premiers exercices militaires, et qu'il commença à se distinguer par son courage et son zèle pour la discipline militaire. Les soldats l'aimaient déjà au point, qu'ayant voulu abandonner son père, à la prière seule du jeune homme ils consentirent à demeurer dans le camp. Après la mort de son père, il fut appelé en justice pour des toiles et des rêts de chasse qui avaient été pris dans la ville d'Asculum. La manière dont il plaida sa cause fit connaître avantageusement son esprit; et *Antistius* qui, comme préteur, présidait au tribunal, lui donna pour épouse sa fille *Antistia*, tant il était charmé de lui, et avait bonne opinion que sa fortune ne pouvait que monter au plus haut point. Pompée avait en effet de grands talens, mais son ambition était plus grande encore. Comme il ne pouvait que s'élever graduellement, il songea à s'attacher à un chef de parti : Sylla était le plus redoutable ; ce fut à lui qu'il fut se dévouer. Cet heureux tyran avait alors à combattre *Carbon*, qui lui résistait de toutes ses forces ; mais le parti de celui-ci, quoique paraissant plus conforme aux lois, plaisait le moins : les cruautés de Marius en avaient éloigné les plus honnêtes gens de la république ; on ne pouvait dès-lors prévoir que Sylla surpasserait un jour les forfaits de son antagoniste ; presque tous les Romains avaient au contraire la plus grande confiance en lui. Pompée jugea facilement que c'était lui qui devait l'emporter ; il prit donc la résolution de se rendre en son camp ; mais il ne voulut point y aller comme un simple chevalier : il usa de la bonne volonté que lui portaient les habitans de la partie de l'Italie où il était alors, et trouva les moyens de lever trois légions, à la tête desquelles il se mit de son propre mouvement. Il n'avait à cette époque que vingt-trois ans. Sylla, aussi flatté qu'étonné de l'arrivée de ce jeune homme, le reçut avec joie et avec distinction ; il lui donna même, en le saluant, le titre d'*imperator* (général) ; et lorsqu'il eut surmonté tous ses concurrens, et qu'il eut été déclaré dictateur, il chercha à se l'attacher plus étroitement que jamais. Il voyait toutes ses qualités, et prévoyait facilement ce qu'il devait devenir : c'était un soutien qu'il cherchait en lui. « Il essaya donc, dit Plutarque, de s'en allier et de se le joindre, comment que ce fût, par alliance; en quoi *Métella*, sa femme, étant bien de son avis, ils firent tant qu'ils persuadèrent à Pompée de répudier sa femme Antistia, pour épouser *Emilia*, fille de Métella et de son premier mari *Emilius Scaurus*, laquelle étoit aussi mariée à un autre et enceinte. Ces nopces furent violentes et tyranniques, plus convenables au temps de Sylla que non pas à la nature ni aux moeurs de Pompée, de voir ôter cette nouvelle épouse Emilia à son mari légitime, pour la lui mener toute grosse, et chasser honteusement Antistia, qui venoit de perdre son père...... Sa mère, voyant le grand tort que l'on faisoit à sa fille, se fit volontairement mourir elle-même; tellement que cet inconvénient fut comme un accessoire de la tragédie de ces malheureuses nopces, et aussi la mort d'Emilia, laquelle bientôt après mourut en travail d'enfant chez Pompée. »

Dans ces entrefaites, *Perpenna* s'empara de la Sicile à la tête des proscrits. Pompée fut envoyé contre lui, reprit la Sicile et une partie de l'Afrique. Sylla, qui voyait avec inquiétude l'autorité que ce jeune guerrier acquérait de jour en jour sur les soldats par sa douceur et ses vertus militaires, le rappela à Rome. L'armée, idolâtre de son général, ne voulait point le laisser partir, et se dévouait entièrement à lui contre le dictateur, que ses crimes faisaient généralement détester; mais Pompée ne laissant voir aucune crainte, et ne se sentant pas sans doute encore assez puissant, obéit à l'ordre qui lui était donné. Sylla, qui commençait à le redouter, fut si satisfait de son obéissance, qu'il alla au-devant de lui; et l'embrassant avec tous les signes d'une grande affection, il le salua du surnom de *grand*, qui depuis lui resta. Malgré tous ces témoignages de bonne volonté, le dictateur lui refusa les honneurs du triomphe quand il les demanda; il lui donna pour prétexte qu'il n'était encore que simple chevalier, et que les sénateurs seuls et les personnages consulaires avaient le droit de triompher, et qu'il était inouï que l'on eût accordé de pareils honneurs à un guerrier aussi jeune que lui. Pompée ne se rendit point à ces raisons, et dit que *le soleil levant avait plus d'ardeur que le soleil couchant*. Ces paroles ne furent point d'abord entendues par le dictateur, mais elles lui furent répétées; et, dans l'étonnement que lui causa la confiance audacieuse de celui qui les avait dites, il s'écria brusquement: *Eh bien, qu'il triomphe! qu'il triomphe!* Pompée le prit au mot, et l'on vit pour la première fois un simple chevalier romain honoré du triomphe. Plusieurs officiers n'ayant pas obtenu tout ce qu'ils espéraient, avaient voulu troubler ces honneurs; mais Pompée, toujours ferme, répondit *qu'il renoncerait à ces honneurs mêmes, qu'il avait toujours desirés, plutôt que de s'abaisser à les flatter*. *Servilius*, personnage considérable à Rome, et l'un de ceux qui avaient montré le plus d'opposition, s'écria publiquement: *Je reconnais à cette heure que Pompée est véritablement grand et digne du triomphe*.

Sylla étant mort, *Lépidus*, que Pompée avait aidé de son crédit pour l'élever, voulut s'emparer de l'autorité souveraine. Pompée alors l'abandonna, et fut envoyé contre lui. Après l'avoir réduit à ne pouvoir plus rien entreprendre contre la république, il obtint d'aller en Espagne soutenir *Métellus* dans la guerre de *Sertorius.* L'ayant heureusement terminée, il triompha une seconde fois, n'étant encore que simple chevalier. On l'élut ensuite consul avec *Crassus*, l'un des plus puissans et des plus riches sénateurs. Pour se faire bien venir du peuple, qui se défiait de lui et craignait de le voir devenir un second Sylla, il rétablit la puissance des tribuns, que le dictateur avait abattue.

Une quantité considérable de corsaires, nés dans les désordres de ces temps, infestaient alors la Méditerranée, et ne laissaient plus aucune sûreté sur ses côtes : Pompée fut chargé de leur faire la guerre, et la termina en moins de trois mois. La puissance qu'on lui donna dans cette circonstance fut absolue, monarchique, et parut très-dangereuse aux meilleurs citoyens; elle lui fit beaucoup d'ennemis; mais sa modération, sans justifier l'imprudence des Romains qui semblaient chercher des maîtres dans tous ceux qui montraient des qualités éminentes, le fit paraître digne d'avoir joui d'une semblable prérogative.

La nouvelle gloire qu'il venait d'acquérir porta un tribun du peuple à proposer qu'on envoyât Pompée achever la guerre que l'on faisait à Mithridate et à Tigrane. Lucullus, comme nous avons vu, avait poussé cette guerre avec la plus grande vigueur, et était prêt à la terminer; c'était une injustice insigne qu'on lui faisait, mais le peuple s'en embarrassait peu, et ne songeait qu'à encenser son idole. Le sénat, au contraire, voyait avec peine cette mesure; mais ce n'était pas tant parce que l'on était injuste envers Lucullus, que parce qu'on augmentait considérablement la puissance de Pompée, et qu'on lui remettait entre les mains toute la république. Dans le fait, en lui donnant plein pouvoir sur les provinces que tenait Lucullus, on y ajoutait la Bithynie, et on lui laissait l'autorité souveraine sur mer, qu'il avait reçue pour entreprendre la guerre des corsaires; et c'était, dit Plutarque, soumettre à un seul homme tout l'empire romain. Le jour que le peuple lui confirma cette puissance considérable, il s'était, par une modération affectée, retiré dans une de ses maisons de campagne. Lorsqu'il reçut les lettres qui lui apprenaient cette nouvelle, il en parut accablé ; et comme ceux de ses amis qui étaient présens s'en réjouissaient, il fronça le sourcil, et s'écria avec une feinte amertume : *O dieux ! que de travaux sans fin ! N'aurais-je pas été plus heureux d'être un homme inconnu et sans gloire ! Ne me verrai-je donc jamais débarrassé de ces filets où l'envie vient me persécuter sans cesse ? et ne pourrai-je donc point vivre en paix à la campagne, avec ma femme et mes enfans ?*

Personne ne fut dupe de cette exclamation, et lui-même en découvrit la fausseté en courant vîte arracher à Lucullus le prix de ses victoires, c'est-à-dire la gloire de terminer une guerre si bien commencée. Il remporta de grands avantages contre Tigrane et contre Mithridate, pénétra, par ses victoires, dans la Médie, l'Albanie et l'Ibérie, soumit les Colques, les Achéens et les Juifs. Son retour à Rome, à la tête d'une armée victorieuse qui lui était toute dévouée, fit trembler le peuple lui-même pour sa liberté. Mais Pompée donna, dans le cours de sa vie, plusieurs preuves que son ambition n'était pas tant de se rendre maître de la république, que d'y tenir le premier rang. Il s'arrêta en entrant dans l'Italie, licencia son armée, et vint à Rome avec une très-petite suite. Cette conduite parut si belle, que son autorité même en fut doublée par l'affection que tout le monde lui témoigna; et la plupart des habitans des villes par où il passa furent au-devant de lui, et l'accompagnèrent à Rome, où il triompha pour la troisième fois avec une magnificence extraordinaire.

C'est ici que cesse la véritable gloire de Pompée; le reste de sa vie ne montre plus qu'un ambitieux vulgaire, qui profita d'un grand nom pour se rendre seul maître, et qui, sans respect pour ce grand nom, qui faisait sa puissance, ne craignait pas de flatter une populace aveugle, que l'on ne gouvernait plus qu'avec de l'or et des vices. Un autre tort de Pompée, fut qu'il éleva de tout son pouvoir plusieurs Romains mal notés, et des ambitieux qui déchirèrent l'empire. Il fut l'appui de *César* avant d'être son adversaire. Crassus était son ennemi, et partageait la faveur des Romains; César, par une politique habile, réunit ces deux personnages, et lia sa propre cause à leurs intérêts : il fut même jusqu'à faire épouser sa fille à Pompée, afin de se l'attacher de plus près encore. Ainsi ces deux ambitieux, unis par le sang et la politique, et soutenus par les richesses de Crassus, formèrent ce que l'on appela le premier *triumvirat*, vers l'an 60 avant notre ère. Ce fut la première époque de la destruction du pouvoir consulaire et populaire. *Caton*, le seul Romain de ce temps, vit porter ce coup, et ne le put parer. *Nous avons des maîtres*, s'écria-t-il, *et c'en est fait de la république!* Pompée employa bientôt la violence pour se faire élire consul avec Crassus; et cette nouvelle conduite, dans un homme qui avait donné plusieurs preuves éclatantes de modération, fit voir que ses vertus n'étaient que des masques qu'il portait à sa volonté, et que sa modération n'était qu'un piége, dont il se contentait tant qu'il pouvait lui réussir. Dans ces circonstances, on voulut donner la préture à Caton, pour contrebalancer leur pouvoir; mais Pompée, par une ruse méprisable, feignit qu'il avait paru des signes au ciel qui devaient l'empêcher de prendre cette charge. Ainsi ce grand homme, que le peuple ne pouvait se lasser d'admirer, n'était plus qu'un tyran, dès que son intérêt l'y engageait. Il avait fait d'abord semblant de vouloir tout tenir de la reconnaissance de ses concitoyens; il avait presque triplé les revenus de la république, et tellement reculé les frontières de l'empire, que l'Asie mineure, qui, avant ses victoires, était la dernière des provinces du peuple romain, en occupait alors le centre. Après de tels services, il avait droit de beaucoup attendre; mais ses concitoyens, alarmés par ses services mêmes, s'opposèrent à toutes ses prétentions. On alla jusqu'à lui appliquer ouvertement un vers d'une tragédie qui se représentait alors :

Tu n'es devenu grand que pour notre malheur !

Le peuple y applaudit, et le fit répéter plus de cent fois. C'était ce même peuple que Pompée flattait bassement et tâchait d'endormir par tous les moyens qu'il croyait convenables. Il connaissait la fureur de la populace pour les spectacles, et il fit construire un théâtre immense où il pouvait tenir jusqu'à quarante mille spectateurs. Ce théâtre fut le premier que l'on bâtit d'une manière permanente à Rome. Ces soins valurent à Pompée une nouvelle faveur populaire, mais on lui pardonna difficilement de rester à Rome, tandis qu'il gouvernait ses provinces et commandait ses légions par ses lieutenans : cette conduite était sans exemple dans la république ; et il fallait qu'elle se vît dans un homme qui avait gagné tant de batailles, pour qu'on la souffrît avec tant de patience. Bientôt il offrit à sa patrie une autre nouveauté non moins dangereuse : il avait su tellement gagner le peuple par ses profusions, qu'il fut créé seul consul; ainsi ce fut lui, encore plus que Marius et Sylla, qui apprit aux Romains à mépriser leurs anciennes lois et à se donner des maîtres.

César saisit ce prétexte pour se déclarer contre Pompée. Sa sœur, en mourant, avait rompu le lien qui unissait ces deux ambitieux ; Pompée s'était déjà remarié, et, pour couvrir un peu l'irrégularité de sa nomination, il s'associa pour quelque temps son nouveau beau-père, *Métellus Scipion*. Dans le cours de son consulat il tomba malade, et la crainte que l'on eut de le perdre ayant alarmé toute l'Italie, lui fit connaître combien il était cher aux Romains. Ce peuple, avili depuis longtemps par ses succès mêmes, et qui ne semblait plus tenir à la patrie que pour en choisir le tyran, porta la basse adulation jusques à faire des sacrifices dans les temples, en réjouissance du rétablissement de sa santé. Pompée se crut alors parvenu au comble de ses vœux, qui était de se rendre maître de la république sans violence et par l'amour même des citoyens : cette persuasion lui donna une confiance qui le perdit, et perdit en même temps le reste de liberté dont Rome jouissait encore. Il ne fit point assez d'attention aux progrès que César faisait chaque jour. Un de ses amis lui ayant dit que si César marchait contre Rome, on ne voyait pas ce qui pourrait l'arrêter : *En quelque lieu de l'Italie*, répondit-il, *que je frappe la terre de mon pied, il en sortira des légions*. Cependant César ayant poursuivi un nouveau consulat sans vouloir quitter son gouvernement des Gaules, il ouvrit alors les yeux, et engagea le sénat à rendre un décret par lequel César devait être regardé comme ennemi de la patrie, s'il ne quittait son armée dans trois mois. César, qui lui-même, par la voie de ses partisans, avait tâché de faire prendre contre lui quelque mesure semblable, feignit alors qu'il ne pouvait plus y avoir de sûreté pour lui, et marcha avec ses légions contre Rome, afin de se venger.

Pompée fut pris au dépourvu, et se vit obligé de quitter, avec le sénat et les nouveaux consuls, la ville de Rome, pour aller se renfermer dans celle de Brindes, d'où il passa bientôt dans la Grèce. Il eut le bonheur de mettre tout l'Orient dans ses intérêts ; il forma deux grandes armées, l'une de terre et l'autre de mer. César l'y suivit ; mais Pompée évita soigneusement d'en venir à une action décisive. Son adversaire sentant bien qu'il ne pouvait l'y contraindre, prit la résolution de l'enfermer dans ses lignes, et en vint à bout, quoiqu'il eût un tiers moins de troupes. Pompée, menacé des dernières extrémités, attaqua les lignes et les força. La déroute des ennemis fut si complète, qu'on ne doute point que la fortune ne se fût entièrement déclarée pour lui, s'il eût marché droit au camp de César. Ce dernier en convenait lui-même, et disait, en parlant de cette journée, que *la victoire était aux ennemis, si leur chef avait su vaincre.* Il y eut bientôt une nouvelle bataille à Pharsale, l'an 48 avant notre ère. Dans cette journée à jamais mémorable, la cavalerie de Pompée prit lâchement la fuite. Pompée, après avoir tenu quelque temps sur des hauteurs où il s'était réfugié, fut obligé de fuir lui-même, et de chercher un asyle en Egypte, auprès de Ptolémée.

Plutarque peint avec une naïveté admirable la situation de ce grand homme dans le malheur. « Quand il fut un peu loin de son camp, dit-il, il laissa son cheval, ayant peu de gens autour de lui; et voyant que personne ne le poursuivoit, il marcha à pied lentement, avec telles imaginations en son entendement, qu'on peut penser que devoit avoir un personnage, lequel avoit accoutumé par l'espace de 34 ans de vaincre continuellement, et d'être toujours le plus fort, là où il commençoit lors premier à essayer sur sa vieillesse, que c'est de se trouver vaincu et de fuir, et qui discouroit en lui-même comment il avoit perdu en une seule heure la gloire, la puissance et l'autorité qu'il avoit acquises par tant de guerres et tant de batailles, et pour laquelle il étoit naguère suivi et obéi de tant de milliers d'hommes de guerre, de tant de chevaux et d'une si grosse flotte de vaisseaux; et lors, il s'en alloit ainsi petit, et réduit à si peu de train, que ses ennemis mêmes qui le cherchoient l'en méconnoissoient. Passé qu'il eut la ville de Larisse, il entra dans la vallée de Tempé, là où ayant soif, il se coucha

coucha sur le ventre et but en la rivière ; puis se relevant, chemina tant qu'il arriva sur le bord de la mer en une pauvre cabane de pêcheur ; puis environ l'aube du jour entra dans un petit bateau de rivière avec ceux qui l'avoient suivi, et qui étoient de condition libre, vû qu'il avoit renvoyé tous les serfs, leur conseillant d'aller sans crainte se rendre à César. »

Un navire le recueillit et le conduisit à l'île de Lesbos, où il prit sa femme et ses enfans, et se retira en Egypte vers Ptolémée. « Ce roi Ptolémée étoit encore fort jeune ; mais celui qui menoit toutes ses affaires, nommé *Photinus*, assembla un conseil des principaux hommes et plus avisés de la cour, lesquels avoient autorité et crédit selon qu'il lui plaisoit leur en départir : et assemblés qu'ils furent, leur commanda, de la part du roi, de lui dire chacun son avis touchant cette réception de Pompée, à savoir si le roi devoit le recevoir ou non. Si étoit-ce déjà une grande pitié de voir un Photinus, valet-de-chambre du roi d'Egypte, et un Théodotion, maître d'école, qu'on avoit loué pour enseigner la rhétorique à ce jeune roi, et Achillos, égyptien, consulter entr'eux ce qu'on devoit faire du grand Pompée. » Le résultat du conseil fut que, pour plaire à César, sans avoir à craindre un retour de la fortune vers Pompée, il était important d'ôter la vie à cet illustre Romain. On fut donc le chercher dans le navire où il était resté, et à peine eut-il mis le pied à terre qu'il fut lâchement assassiné. On coupa sa tête, et le corps fut jeté dans la mer. Un de ses affranchis, appelé *Philippe*, recueillit le corps, le lava, et l'enveloppa d'une vieille chemise, seul linceul qu'il put se procurer. Il ramassa ensuite les débris d'un vieux bateau pour le brûler, suivant la coutume de ces temps. Comme il était occupé à ce pieux office, un vieillard s'approcha : c'était un Romain qui avait servi sous Pompée ; les larmes étaient à ses yeux. *Mon ami*, dit-il à Philippe, *tu n'auras pas seul l'honneur d'avoir rempli un devoir aussi beau; permets-moi de t'aider, afin que je ne me repente pas entièrement de m'être expatrié, et que je puisse avoir, pour récompense de tant de maux soufferts en pays étrangers, le bonheur de toucher de mes mains et de t'aider à ensevelir le plus grand guerrier des Romains.* Ainsi reçut la sépulture ce Pompée qui avait vu sous ses ordres le plus vaste empire du monde. Sa mort est une leçon terrible pour les ambitieux ; elle fait oublier une partie de ses fautes, et laisse en doute sur ce que fût devenue la liberté publique s'il eût été le vainqueur. On lui reproche de n'avoir eu que le masque des vertus ; cependant, sous le rapport de la probité et du civisme, il l'emporta sur César ; et s'il eût pu souffrir des égaux, son nom serait aussi révéré que celui des plus vertueux Romains. *Salluste* le peint en deux mots. Sa probité, dit-il, était plus sur son visage que dans son cœur. Il respecta assez la vertu pour ne pas lui insulter en face, mais ne l'aima pas assez pour lui sacrifier en secret. De là cette dissimulation profonde dans laquelle il s'enveloppa toujours, et ce système si bien soutenu de ne vouloir en apparence rien obtenir que par son mérite, tandis qu'il ravissait tout par l'intrigue.

Sa tête fut apportée à César, qui ne put s'empêcher de verser des larmes sur le sort d'un concurrent tel que Pompée. Loin d'applaudir aux misérables qui avaient tué cet illustre guerrier, il les fit punir presque tous de mort, et éleva aux cendres de son ennemi un tombeau qui les honorait tous deux.

JULES CÉSAR,

PREMIER EMPEREUR ROMAIN,

Né l'an 98 avant notre ère.

CAIUS JULIUS CÉSAR naquit à Rome, d'une famille illustre, l'an 98 avant notre ère. La sœur de son père avait épousé Marius ; et ce fut le motif qui le rendit suspect à Sylla : celui-ci voulut même le faire périr ; mais vaincu par les prières de ses amis, il lui laissa la vie en leur disant *que celui dont les intérêts leur étaient si chers, renverserait un jour la république.* César n'était alors que dans les premières années de son adolescence. Ayant appris ce que Sylla avait dit à son sujet, il crut qu'il était prudent de quitter Rome; il se retira dans le pays des Sabins, où il fut arrêté par quelques-uns des gens du dictateur; mais moyennant deux talens qui lui servirent à corrompre le capitaine, il s'échappa, et se retira en Bithynie auprès du roi *Nicomède*. A son retour, il fut pris par des pirates qui lui demandèrent vingt talens pour sa rançon. Il se mit à rire de cette demande, comme venant de gens qui ne connaissaient pas le prix de leur proie, et au lieu de vingt talens il leur en promit cinquante; et tandis que ses gens furent de côté et d'autre pour ramasser cette somme, il demeura trente jours avec ces pirates, qu'il traitait avec tant de hauteur et de mépris, que toutes les fois qu'il voulait reposer il leur envoyait commander de ne point faire de bruit. Il osa même les menacer de les faire mettre en croix. Les pirates regardaient ces menaces comme une fanfaronnade de jeune homme, et s'en amusaient. Cependant César n'eut pas plutôt recouvré sa liberté, qu'il arma quelques petits bâtimens, surprit les pirates qui étaient encore à l'ancre, et les fit punir par les supplices dont il les avait menacés.

Il s'était alors déjà distingué dans les armes sous *Thermus*, préteur en Asie; il voulut achever de cultiver son esprit : il alla à Rhodes étudier sous *Apollonius*, célèbre maître de rhétorique. Il était né, dit Plutarque, pour remporter le prix dans l'éloquence, s'il eût voulu s'en occuper entièrement; mais il préféra les armes, qui devaient lui donner la puissance souveraine, et se contenta de rivaliser avec les meilleurs orateurs de son temps, et de tenir, dans cette partie, la seconde place après Cicéron. La première marque publique qu'il donna de son talent dans l'art oratoire, fut contre *Dolabella*, qu'il accusa de péculat devant le peuple. Son éloquence lui fit beaucoup d'admirateurs et d'amis, qui espérèrent trouver au besoin un défenseur en lui; le peuple, sur-tout, qui se laisse toujours prendre par l'extérieur, commença à lui prodiguer cet amour qui, par la suite, perdit la république. Mais ce qui le fit mieux voir encore, dit Plutarque, fut une manière agréable qu'il avait de saluer, de caresser et d'écouter le premier qui se présentait; sa bonne table lui faisait aussi des partisans, et sa libéralité lui donna peu-à-peu un crédit dont on ne se méfia pas assez d'abord, et dont on fut étonné lorsque l'on en vit les effets. Il devint, par la faveur populaire, tribun militaire, questeur, édile, souverain pontife, préteur et gouverneur d'Espagne. Ce fut alors que le sénat commença à le craindre. Son ambition paraissait aux yeux de ceux qui pouvaient l'observer, ne devoir s'arrêter à aucune des bornes que l'on avait respectées jusqu'alors; le secret de son cœur s'échappait en cent occasions. On rapporte qu'en arrivant à Cadix, il s'arrêta devant une statue d'Alexandre, et dit en soupirant : *A l'âge où je suis il avait conquis le monde, et je n'ai encore rien fait de mémorable !* On lui avait aussi entendu dire en passant dans un petit endroit, au sein des Alpes : *J'aimerais mieux être le premier dans cette bicoque, que d'être le second dans Rome.* Ce desir de s'illustrer lui fit hâter la guerre pour laquelle il était envoyé ; il vainquit les Callériens, les Lusitaniens, pénétra jusqu'à l'Océan, et soumit plusieurs nations qui auparavant étaient indépendantes des Romains. Sa conduite dans ces expéditions plut tellement à ses soldats, qu'ils lui donnèrent d'une commune voix le nom d'*imperator* (généralissime), que nous avons rendu par le mot *empereur*.

Comme on était au temps des élections, César voulut obtenir le consulat et le triomphe en même temps ; mais pour obtenir le consulat il fallait être à Rome, et celui qui voulait triompher ne pouvait entrer dans la ville que le jour de la cérémonie même. Caton, le seul Romain de ce temps qui montra de l'amour pour les lois, s'étant opposé à la demande de César, qui priait le sénat de lui permettre de solliciter le consulat par ses amis, celui-ci abandonna le triomphe et vint à Rome, où sa fine politique lui donna une puissance plus grande que jamais. Sous prétexte de réconcilier les deux premiers hommes de la république, Crassus et Pompée, comme nous l'avons vu dans la vie de ce dernier, il s'en fit deux nouveaux appuis, qui lui servirent à s'élever encore plus haut. Il obtint, suivant ses desirs, le consulat, et eut pour collègue *Bibulus*, homme faible, qu'il obligea bientôt d'abandonner cette place. Les Romains en firent des plaisanteries aux dépens de ce Bibulus, sans s'appercevoir que César faisait l'apprentissage de la puissance souveraine qu'il voulait usurper. Comme il avait à redouter Crassus et Pompée, il feignit de se les attacher et de travailler à leur fortune en même temps qu'il travaillait à la sienne : il forma ce qu'on nomme le premier *triumvirat*; et, pour resserrer davantage cette union d'ambition, il donna sa fille à Pompée. Alors tout puissant, ayant pour lui ses soldats, le peuple et les deux premiers personnages de la république, il éloigna de Rome ceux qui lui portaient ombrage, ou pouvaient lui résister, *Caton*, qui dès-lors disait : *C'en est fait de la république! nous avons des maîtres*; Caton était trop inflexible pour ne pas lui déplaire. Dans la conjuration de *Catilina*, cet illustre républicain avait relevé avec fermeté un discours par lequel

César, qui peut-être voulait accoutumer le peuple à voir avec une sorte d'indulgence les plus effrénés ambitieux, tâchait de faire incliner le sénat à la douceur au sujet de la punition des criminels. César n'avait point oublié ce discours, et il savait que, si la fortune ne lui était pas plus favorable qu'à Catilina, il n'avait pas un autre sort à attendre, tant qu'il y aurait à Rome de ces esprits austères qui ne craignaient ni ne pardonnaient rien. Cicéron, qui dans ces temps avait beaucoup de crédit, l'offusquait aussi; il contraignit donc ces deux grands hommes, les plus sincères républicains, à se bannir de Rome. Il eut soin de s'assurer des consuls de l'année suivante, et obtint par le moyen de Pompée le gouvernement des Gaules.

Son but, en obtenant ce gouvernement, était d'acquérir une grande gloire par la conquête des Gaules, de se faire aimer des armées, de les attacher à ses intérêts assez fortement pour qu'il pût sans crainte attenter à la liberté publique. Ses premiers exploits furent contre les Helvétiens; il les battit, et tourna ensuite ses armes contre les

Germains et les Belges. Après avoir taillé en pièces leur armée, il attaqua les Nerviens, les défit, et subjugua presque tous les peuples des Gaules. Ses conquêtes et ses victoires occasionnèrent un nouveau triumvirat entre lui, Pompée et Crassus. Il avait encore besoin de ces deux personnages, qui ne s'appercevaient pas que leur crédit ne servait qu'à augmenter l'autorité de César. Un des articles de cette nouvelle confédération fut de le faire proroger dans son gouvernement pour cinq autres années, avec le titre de proconsul. De nouveaux succès dans les Gaules, en Germanie et dans la Grande-Bretagne, le couvrirent de gloire et lui donnèrent de nouvelles espérances sur Rome. Il était alors sûr de ses soldats, qu'il appelait avec affectation *ses amis, ses compagnons;* il leur avait passé facilement tous les crimes, les avait enrichis de pillage, leur faisait espérer davantage encore, et ne les punissait que lorsqu'ils manquaient à la discipline militaire, ou qu'ils se mutinaient: en cela sa politique était merveilleuse; il avait excité la cupidité dans leurs cœurs, y avait étouffé les vertus, et n'y avait laissé que le desir de vaincre pour l'amour du gain ; peu leur importait quels seraient leurs ennemis, pourvu que la victoire fût avantageuse ; ce n'était plus des Romains, mais les soldats de César. Un crime contre leur patrie ne pouvait donc les épouvanter.

César alors mettant de nouveau en jeu cette finesse qu'il possédait au suprême degré, chercha à faire agir les sénateurs de façon que sa rebellion parût une juste défense. Pompée, qui avait enfin vu le but où tendait cet ambitieux, s'était séparé de lui, et sollicitait même un décret qui le déclarât ennemi de Rome, s'il ne quittait à l'instant son armée. C'était tout ce que demandait César. Il cria de tous côtés qu'on voulait l'enlever du milieu de ses compagnons, de ses amis avec qui il avait si bien servi la république, pour le faire périr plus facilement. *Antoine*, autre ambitieux, qui ne respirait que le désordre, s'opposa en qualité de tribun au décret du sénat, et s'enfuit aussitôt vers César. Celui-ci en fut charmé, et ajouta à ses raisons, qu'il voulait venger les droits du tribunat, violés dans la personne d'Antoine. Il se prépara aussitôt à faire marcher son armée sur Rome. On prétend qu'il s'arrêta incertain sur les bords du Rubicon, rivière qui servait de bornes à son gouvernement. Sans doute il pouvait être étonné de la grandeur de son entreprise, mais il n'était pas assez honnête homme pour se repentir un instant d'un crime qui lui était utile. Il avait même coutume, au rapport de Cicéron, de répéter deux vers d'Euripide qui exprimaient bien toute sa morale, et dont le sens est que, *s'il est jamais permis de violer les plus saintes lois, c'est pour acquérir l'autorité souveraine; que dans le reste on peut les respecter.* Son armée traversa sans difficulté l'Italie, et arriva à Rome, que Pompée avait abandonnée. Les sommes immenses qu'il avait envoyées lui avaient déjà gagné les magistrats, qui n'avaient point suivi Pompée; aussi disait-il par jeu: *César a conquis les Gaules avec le fer des Romains, et Rome avec l'or des Gaulois.* Quoiqu'il ne se fût mis en marche que sous le prétexte de défendre sa personne et les lois, ce fut en véritable maître qu'il entra dans Rome. Cependant il avait devant les yeux les exemples de Marius et de Sylla, dont la mémoire était abhorrée : il usa d'une politique contraire, il se montra clément ; et, connaissant assez le cœur humain pour savoir que la vengeance ne servirait qu'à rendre ses ennemis plus forts, il accueillit avec bonté même ceux qui le détestaient le plus. Cette voie lui réussit : ceux qui balançaient encore, et qui auraient grossi le parti de Pompée, vinrent le trouver ; ceux qu'il avait déjà vaincus furent satisfaits de lui, et n'en desirèrent point d'autre ; plusieurs même quittèrent Pompée pour ce tyran habile. Quoique affectant la clémence avec une adresse admirable, il ne faiblissait point cependant. Un certain *Métellus*, alors tribun, osa s'opposer à ce qu'il s'emparât du trésor public ; mais en peu de mots César lui fit bien sentir qu'il n'y avait plus dans Rome d'autres lois que sa volonté ; il le menaça de le tuer sur-le-champ, et ajouta avec férocité : *Tu n'ignores pas qu'il m'est plus facile de le faire que de le dire.*

Pompée s'était retiré dans le fond de l'Italie avec une armée peu aguerrie, tandis que ses lieutenans commandaient dans différentes provinces. César marchant d'abord à eux, dit qu'*il allait combattre des troupes sans général, pour revenir combattre un général sans troupes*. Il se dirigea vers l'Espagne, forma le siége de Marseille qu'il laissa conduire à *Trébonius*, et battit dans l'Espagne *Petreïus*, *Afranius* et *Varron*, lieutenans de Pompée. De retour à Rome, où il s'était fait nommer dictateur, il favorisa les débiteurs, rappela les exilés pour s'en faire des appuis, rétablit les enfans des proscrits, et tâcha de faire oublier par sa clémence qu'il était le maître de sa patrie. Il se fit aussi désigner consul pour l'année suivante, et marcha vers la Grèce pour combattre Pompée. Il fut d'abord vaincu; et si Pompée, comme il l'avoue lui-même, eût su profiter de la victoire, sa fortune était totalement changée. A Pharsale il reprit le dessus, et Pompée fut perdu entièrement, comme nous l'avons déjà vu. On rapporte que, connaissant l'esprit des troupes de son adversaire, il recommanda à ses soldats de frapper au visage, persuadé que les jeunes Romains aimeraient mieux fuir que de s'exposer à être défigurés. C'est ce qui arriva. Sept mille cavaliers prirent la fuite devant six cohortes. Pompée laissa sur la place quinze mille des siens, tandis que César n'en perdit que douze cents. Les plus grandes victoires qu'il remporta ensuite furent sur *Ptolémée*, roi d'Egypte, qu'il détrôna, pour donner son royaume à *Cléopâtre*, sœur de ce roi, et dont César devint amoureux. Il en eut un fils qui fut nommé *Césarion*. *Pharnace*, roi de Pont, ne tarda pas à tomber sous ses coups. Cette victoire lui coûta peu : la guerre fut commencée et finie dans un jour. C'est ce qu'il exprima par ces trois mots : *veni*, *vidi*, *vici* (je vins, je vis, je vainquis). Il repassa ensuite en Italie avec tant de rapidité, que l'on y fut aussi surpris de sa prompte victoire que de son retour. Son séjour à Rome ne fut pas long : il alla vaincre *Juba* et *Scipion* en Afrique, et les fils de Pompée en Espagne.

Cet heureux usurpateur revint enfin à Rome, triompha cinq jours de suite, et se fit déclarer *dictateur perpétuel*. Ce fut le dernier jour de la république ; Rome eut un maître sous le nom d'*imperator*, général ou empereur. César, qui avait de grandes idées, ne s'occupa plus que de former des établissemens utiles ou qui devaient laisser une haute opinion de lui : il décora Rome de nouveaux édifices, fit creuser à l'embouchure du Tibre un port capable de recevoir les plus gros vaisseaux ; il fit dessécher les marais Pontins ; couper l'isthme de Corinthe pour opérer la jonction de la mer Egée et de la mer Ionienne, réforma le droit et le calendrier, et rassembla de nombreuses bibliothèques. Enfin, on assure que le sénat, entièrement corrompu par son or et l'espoir des emplois, allait le déclarer *roi*, comme si rien n'eût été capable de payer tant de bienfaits de sa part, quand *Brutus* et *Cassius* tranchèrent le fil de ses jours et de son ambition. Ces deux illustres républicains étaient les chefs de plus de soixante conspirateurs ; ils vinrent avec les principaux de ces conspirateurs du sénat, où César présidait, et l'entourèrent, sous prétexte de lui faire honneur et de demander le rappel d'un des frères de *Cimber* qui se trouvait parmi eux. César ayant refusé, Cimber le saisit par la robe à côté de chaque épaule : *Quoi ! c'est une violence !* s'écria le dictateur. Mais tout-à-coup *Casca* porta sur lui un coup de poignard, et tous les conjurés l'imitèrent à l'envi, aimant mieux se blesser les uns les autres que de ne point frapper celui qui avait renversé toutes les lois qui faisaient la gloire de Rome, et la liberté des Romains. Dès qu'il eut rendu le dernier soupir, ils se réfugièrent au Capitole, et quelques esclaves recueillirent le corps de César et le portèrent à sa maison. Antoine, qui crut alors pouvoir parvenir à l'autorité souveraine qu'il ambitionnait, loin de donner au peuple un noble élan vers la liberté, chercha à l'attendrir sur le sort de César, fit faire des funérailles magnifiques à cet usurpateur, et exposa sa robe ensanglantée aux yeux du public. Les Romains, qu'il ne faut plus nommer qu'un ramas d'ambitieux et une véritable populace, montrèrent les plus grands regrets, et furent jusqu'à brûler les maisons des généreux citoyens qui avaient exposé leurs jours pour la liberté d'une patrie qui n'en était plus digne.

Ainsi périt le premier empereur romain. Voici le portrait qu'en a tracé Suétone. « Il était de haute taille et assez bien proportionné, quoique un peu grêle ; sa chair était blanche et molle ; son visage un peu replet, ses yeux noirs, son regard vif, sa santé assez bonne, excepté sur la fin de sa vie, qu'il fut attaqué du mal caduc. Il soignait un peu trop son corps, au point de se faire épiler avec de petites pincettes faites exprès. Rien ne lui déplaisait tant que d'être chauve, à cause des railleries que l'on faisait de son temps à ceux qui l'étaient : aussi avait-il soin de faire revenir les cheveux du sommet de la tête sur le devant ; et l'honneur qui lui fut le plus agréable, fut celui qu'il reçut du peuple et du sénat, de porter à perpétuité une couronne de laurier. Il aimait la dépense, et donnait avec plaisir, quelque grandes que fussent déjà ses dettes. Il était extrêmement curieux de pierreries, de statues, de médailles, de tableaux, de nouveaux esclaves en bon équipage; et il achetait toutes ces choses quelquefois si cher qu'il en avait honte, et défendait qu'on en portât les sommes sur son livre de compte. Ses maisons de campagne, et les repas qu'il donnait, absorbaient des sommes immenses. Il lui aurait fallu, pour suffire à une si grande dépense, un trésor inépuisable : aussi n'était-il guère délicat sur les moyens d'avoir de l'argent. Il ne s'abstint jamais, dit l'auteur que nous venons de citer, ni dans l'administration de ses magistratures, ni tant qu'il fut à la tête des armées, de ravir par force le bien d'autrui. En Espagne il prit l'argent du proconsul et des alliés, et semblait mendier d'une part et d'autre pour payer ses dettes; même il saccagea plusieurs villes des Lusitaniens, quoiqu'elles ne refusassent pas d'obéir à ses ordres, et qu'elles eussent ouvert leurs portes à son arrivée. Dans les Gaules, il pilla les autels et les temples, qui étaient chargés de richesses, et ruina plusieurs villes, plus pour le pillage que pour aucune offense qu'on lui eût faite : de sorte qu'il s'enrichit en peu de temps, et vendit, par toutes les contrées de l'Italie, chaque livre d'or qui lui restait la somme de trois mille petits sesterces. Pendant son premier consulat, ayant volé trois livres d'or au Capitole, il y en remit tout autant de cuivre doré. Enfin il ne fit aucune difficulté de vendre argent comptant les alliances et les royaumes : tellement que tant en son nom qu'au nom de Pompée, il tira du seul Ptolémée près de six mille talens. Ainsi, par des larcins semblables et d'aussi sacriléges moyens, continue Suétone, il supportait très-aisément les frais des guerres civiles, des triomphes et des jeux. »

Ses mœurs n'étaient pas plus en règle que sa probité : ses prostitutions étaient la fable de Rome et de toute l'Italie. Il portait la corruption dans toutes les familles, et ne craignait pas d'épouvanter la nature par ses infâmes voluptés. Qui croirait qu'au milieu de pareils déréglemens, il savait se montrer sobre et dur à lui-même quand il le fallait ? Dans le fait, il se contentait de toutes sortes de nourritures, et buvait très-peu de vin, au point que ses ennemis même l'admiraient, et que Caton s'écria *qu'un seul César, le plus sobre de tous, avait consenti à la ruine de la république*. On rapporte qu'étant à souper chez quelqu'un, on lui servit de l'huile médicinale, au lieu d'huile d'olive, et qu'il en usa avec appétit, comme si elle eût été bonne, pour ne point faire honte à son hôte sur sa négligence. Sa patience à souffrir les travaux militaires égalait sa sobriété : son activité était incroyable ; il avait plutôt achevé une entreprise qu'un autre ne l'aurait eu méditée. Nous avons parlé de sa clémence, sans chercher si elle était dans son caractère ou non ; voici ce qu'il en pensait lui-même : *C'est le moyen*, disait-il, *par lequel je veux regagner tous les esprits, s'il est possible, afin de jouir long-temps du fruit de mes victoires*. Son éloquence seule en eût fait un des premiers orateurs romains ; ses talens militaires en firent le maître de Rome. Nous avons ses

Commentaires sur la guerre des Gaules, qui font juger quel écrivain c'était. Dans nombre de circonstances il se moqua des préjugés de son temps, méprisa les présages, et fut même jusqu'à dire, en plein sénat, dans l'affaire de Catilina, que l'idée que l'on avait d'une récompense ou d'un châtiment après cette vie, n'était qu'une absurdité. Ce fut une inconséquence dont il se repentit aussitôt, et que le sévère Caton ne laissa point passer impunément. Tel fut César ; avec tous les vices qui font la honte de l'humanité, il n'eut que les vertus qui servirent à son ambition. On peut le louer pour son génie ; le politique peut l'admirer, mais l'honnête homme le condamnera toujours. Si tous les grands hommes coûtaient aussi cher au monde, et donnaient de si mauvais exemples, il faudrait prier le ciel de ne nous en accorder jamais.

MARCUS TULLIUS CICÉRON,

TRÈS-CÉLÈBRE ORATEUR ROMAIN,

Né l'an 106 avant notre ère.

Cicéron naquit à Arpino en Toscane, l'an 106 avant notre ère, d'une famille inconnue. Quelques-uns pensent que son père avait travaillé chez un foulon; d'autres en font un chevalier romain. Son surnom de *Cicéron* lui venait, à ce que pense Plutarque, de ce qu'un de ses ancêtres avait eu un *pois chiche* (en latin *cicer*) précisément sur le bout du nez. Comme on lui conseillait de changer ce nom, qui prêtait à la plaisanterie, il répondit qu'il le rendrait si célèbre, qu'on finirait par le trouver aussi beau que ceux des plus anciennes familles de Rome. Il faut croire que son père avait quelques moyens, puisqu'il lui fit donner une excellente éducation. Dès son enfance, il montra les plus grandes dispositions, étonna ses maîtres, et

Caton d'Utique.
Junius Brutus.
César Auguste.
Mécènes.
Horace.
Ciceron

et devint comme le chef de ses condisciples, qui prenaient plaisir à le placer au milieu d'eux, et à le conduire par les rues avec une sorte d'honneur. Ces petites distinctions servirent à lui donner une nouvelle émulation, et furent peut-être le principe de cet amour excessif qu'il marqua par la suite pour la louange.

Le premier discours qu'il fit en public fit connaître tout ce qu'il devait devenir. Sylla alors était tout puissant. Ce tyran avait fait adjuger à un de ses affranchis, pour une très-petite somme, un bien considérable provenant d'un proscrit. Le fils de ce proscrit, pour se venger, fit voir que le bien de son père valait bien trois cents fois la somme qu'on venait de le vendre. Cette imprudence attira sur lui la colère de Sylla : ce tyran le fit accuser d'avoir lui-même tué son père. Personne ne doutait de la fausseté de l'accusation, mais personne non plus ne voulait se charger de défendre cet infortuné. Cicéron, voyant une occasion de se signaler, osa défendre l'innocence sans crédit, contre la toute-puissance qui avait besoin de couvrir son injustice par un crime ; par son moyen, *Roscius* échappa à la haîne de son ennemi, et fut pleinement justifié. Cicéron en acquit une grande réputation ; mais, connaissant tout ce qu'il avait alors à craindre pour lui-même, il s'absenta de Rome sous prétexte de santé, et s'en alla à Athènes, où il se montra pendant deux ans moins le disciple que le rival des plus illustres orateurs de cette capitale de la Grèce. *Apollonius Molon*, l'un d'entr'eux, l'ayant un jour entendu déclamer, demeura dans un profond silence, tandis que tout le monde s'empressait d'applaudir. Le jeune orateur lui en ayant demandé la cause : *Ah!* lui répondit-il, *je vous loue sans doute et vous admire ; mais je plains le sort de la Grèce : il ne lui restait plus que la gloire de l'éloquence ; vous allez la lui ravir et la transporter aux Romains.*

A son retour à Rome, il chercha à s'entremettre des affaires publiques, mais il fut assez peu estimé d'abord ; il suivit alors le barreau, et y parut à peine qu'il fut aussitôt regardé comme le premier orateur de son temps. Sa réputation s'étendit, le mit en honneur, et le fit nommer questeur de la Sicile, à l'âge de trente-un ans. Il se conduisit dans son gouvernement avec une sagesse digne de louanges; mais il crut, dans sa vanité puérile, que toute la république avait les yeux tournés sur lui. A son retour, rencontrant dans la Campanie un des principaux Romains de ses amis, il lui demanda ce qu'on pensait à Rome de sa conduite. *Et où donc avez-vous été depuis que nous ne vous avons vu?* lui demanda celui qu'il interrogeait. Cette question rabattit pour l'instant beaucoup de son orgueil, et lui fit sentir combien il était difficile de parvenir à cette gloire qu'il desirait si vivement. On le nomma ensuite édile, et il fit condamner *Verrès*, le déprédateur de la Sicile, à réparer ses concussions. Les Siciliens, par reconnaissance, lui firent de grands présens; mais, s'il les reçut, ce fut pour les employer à faire diminuer le prix des vivres.

Il n'était cependant pas très-riche, mais son éconnomie semblait doubler sa fortune. « Il avoit, dit Plutarque, un beau bien dans le territoire de la ville d'Arpi, et un autre à l'entour de la ville de Pompéii, qui n'étoient pas très-grands; et depuis il eut encore le douaire de sa femme *Terentia*, qui pouvoit monter à la somme de douze mille écus, et une succession qui pouvoit valoir neuf mille écus, dont il vivoit honnêtement et sobrement, sans superfluité, avec ses familiers grecs et romains qui aimoient les lettres, se mettant à table bien peu souvent avant le coucher du soleil : non tant par occupations grandes qu'il eût, que pour la foiblesse de son estomac : car il étoit, au demeurant, exquis et diligent au soin de sa personne, jusques à user de frottemens et de tours de promènemens en nombre certain; et par ce moyen traitant et gouvernant son corps, il se le maintint non-seulement sans maladie, mais aussi fort et robuste pour supporter plusieurs grands labeurs et travaux qu'il lui convint soutenir depuis. Il céda la maison paternelle à son frère, et lui s'en alla tenir au mont Palatin, à celle fin que ceux qui le viendroient visiter par honneur et qui lui feroient la cour, ne se travaillassent pas tant d'aller si loin : car il n'y avoit pas moins de gens tous les matins à sa porte, qu'à celle de Crassus pour ses richesses, ou de Pompée pour l'autorité et le crédit qu'il avoit entre les gens de guerre, qui étoient les deux plus puissans hommes qui fussent alors à Rome; et, qui plus est, Pompée lui-même lui faisoit la cour, à cause que l'entremise de Cicéron lui servoit de beaucoup à l'accroissement de sa gloire et de son autorité. »

Quand il se présenta pour demander la préture, il ne trouva aucun obstacle, et fut le premier que l'on nomma. Sa justice dans cette place donna un nouveau lustre à ses talens. Il fut inflexible comme la loi, et ne connut d'autres considérations que celles qu'on doit à l'innocence et à l'humanité : la richesse et le crédit ne purent rien sur lui. En voici un exemple notable. Un certain *Licinius Macer*, homme assez puissant de lui-même, mais sur-tout très-soutenu par Crassus, fut accusé de malversations devant Cicéron; son crédit et celui de ses amis, qui étaient en grand nombre, ne lui laissèrent pas douter un instant qu'il eût quelque chose à craindre;

il fut même si persuadé de la victoire, qu'il se retira en sa maison, tandis que les juges étaient encore aux opinions, se para d'une robe neuve, comme un homme qui n'attendait que le moment de faire éclater sa joie, et retourna ensuite à la place. Crassus, qui allait au-devant de lui, le rencontra, et lui annonça, avec tristesse, qu'il était condamné. Cette nouvelle, à laquelle il ne s'attendait guère, le frappa tellement, qu'il en tomba malade et ne se releva jamais. Ce jugement augmenta la réputation de Cicéron, et fit voir en lui un homme sur la justice et la fermeté duquel on pouvait compter. Ce fut pour lui un acheminement au consulat. Aussi, quand il le demanda, il eut sans difficulté les voix du peuple et des nobles. *Catilina*, qui depuis long-temps était chef de la conjuration qui faillit à perdre la république, poursuivait lui-même le consulat concurremment avec *Caïus Antonius*, pour mieux assurer le succès des crimes qu'il méditait. Cet homme féroce, qui voulait faire périr le sénat en entier et incendier Rome, ne put assez se contenir, et laissa percer quelques traits de son caractère cruel; ce qui le fit rejeter avec horreur par tout le monde. Cicéron l'emporta, et fut consul avec Antonius, homme faible, prêt à faire le bien ou le mal suivant l'impulsion qu'on lui donnerait. Cicéron eut l'art de l'attacher au parti de la république, et s'occupa ensuite de déjouer la conjuration, qui de jour en jour devenait plus formidable par tous les mauvais sujets qui s'y jetaient : c'était l'espérance de tous les gens sans aveu, et de ceux qui avaient dépensé leurs biens en débauches. Si leurs projets eussent réussi, on eût vu des crimes et des cruautés qui eussent épouvanté les partisans même de Sylla. Comme un grand nombre de nobles trempaient dans cette conjuration, Cicéron, que l'on appelait un *homme nouveau*, ne put se conduire avec trop de prudence. Quoiqu'il sût parfaitement depuis long-temps tout ce qui se passait, par le moyen d'une femme de mauvaise conduite, nommée *Fulvie*, qui, trahissant le secret de son amant, avait tout révélé au consul, il n'osait agir, et attendait qu'il eût des preuves irrécusables à offrir à tout le monde. Le moment vint. Des lettres envoyées chez plusieurs des principaux personnages de la république avertissaient qu'un massacre horrible allait avoir lieu dans Rome : Cicéron alors ne ménagea plus rien ; il attaqua directement Catilina, qui ne craignit pas de se présenter dans le sénat avec une fermeté qui annonçait la certitude qu'il croyait avoir du succès. A peine ce scélérat se fut-il assis, que tous les sénateurs s'éloignèrent de lui avec horreur. Ce mouvement lui apprit que ses projets étaient découverts. Cicéron ne lui donna pas le temps de respirer. « Jusques à quand, Catilina, lui dit-il d'une voix terrible, abuseras-tu de notre patience ? Combien de temps serons-nous encore l'objet de tes fureurs ? jusqu'où prétends-tu pousser ton audace criminelle ? Ne reconnais-tu pas, à la garde qu'on fait continuellement dans la ville, à la crainte du peuple, au visage irrité des sénateurs, que tes pernicieux desseins sont découverts ? Des yeux fidèles observent toutes tes démarches : tu ne tiens point de conseils si secrets que je n'en sois averti ; j'y assiste, je suis présent jusqu'à tes pensées. Crois-tu que j'ignore ce qui s'est passé la nuit dernière dans la maison de *M. Lecca ?* N'y as-tu pas distribué les emplois et partagé toute l'Italie avec tes complices ? Les uns doivent marcher en campagne sous les ordres de *Manlius*, et les autres rester dans la ville pour y mettre le feu en cent endroits différens. A la faveur du désordre et du tumulte causé par un incendie général, on doit assassiner le consul dans sa maison, et la plupart des sénateurs. Le sénat, cette assemblée si auguste et si sainte, est instruit des moindres circonstances de la conjuration, et Catilina respire encore ! il est même dans cette compagnie, il nous écoute, il nous regarde comme ses victimes ! Tandis que nous parlons, il désigne ceux qu'il destine à la mort ; et nous sommes si patiens, ou plutôt si faibles, que nous songeons moins à punir ses crimes qu'à nous préserver de sa fureur ! »

Catilina, qui avait écouté avec une profonde dissimulation, tenta de se disculper ; mais l'horreur qu'il inspirait était si grande, qu'on ne voulut jamais l'entendre. Alors revenant à son caractère, il sortit en jurant que, puisqu'il était condamné à périr, ceux qui voulaient le perdre périraient avec lui. Il fut ensuite se mettre à la tête des troupes que Manlius lui avait rassemblées dans l'Étrurie.

Malgré un tel éclat, le prudent consul n'agit point encore ; il parvint à acquérir de nouvelles preuves, et à saisir même les signatures des principaux chefs de la conjuration. C'était ce qu'il voulait ; il les fit aussitôt arrêter, et, d'après un décret du sénat, ils eurent la tête tranchée dans la prison même. Ainsi fut déjouée la conspiration qui s'annonçait de la manière la plus terrible. Cicéron reçut pour ce service important les bénédictions de toute la république, et fut appelé *le père de la patrie*. Antonius, à la tête de l'armée envoyée à ce sujet, attaqua Catilina, le vainquit, et força ce féroce conspirateur à se faire tuer au milieu de l'action.

Il ne suffit pas d'avoir de bonnes intentions et de faire le bien, pour plaire à tout le monde : Cicéron l'éprouva. Tous les factieux furent ses ennemis, et cherchèrent à le noircir, à lui reprocher même sa sévérité. César, qui avait parlé en faveur des coupables, sans doute parce qu'il portait déjà dans son cœur le dessein d'asservir Rome, et qu'il voulait accoutumer ses concitoyens à la clémence pour de pareils crimes ; César fut son ennemi secret. Un certain *Métellus*, tribun du peuple, fut celui qui l'outragea le plus ouvertement. A la vérité Cicéron contribua un peu à la défaveur où il tomba, par cette misérable vanité que l'on voit avec peine dans un homme qui en avait besoin moins que personne. « Il se rendit lui-même odieux, dit Plutarque, et acquit la malgrace de plusieurs gens, non pour aucun mauvais acte qu'il eût fait, mais seulement pour ce qu'il se louoit et magnifioit trop lui-même : car il ne se faisoit assemblée, ni du peuple, ni du sénat, ni de jugement, là où l'on n'eût la tête rompue d'ouïr à tous propos ramener en jeu Catilina et Lentulus, jusques à emplir ses livres et les œuvres qu'il composoit de ses propres louanges ; ce qui rendoit son langage et son style, qui autrement étoit si doux et si agréable, fâcheux, ennuyeux et déplaisant à tous ceux qui l'entendoient. » Les choses en vinrent au point que, le jour de l'expiration de son consulat, étant obligé de faire les sermens ordinaires, et se préparant à haranguer le peuple selon la coutume, il en fut empêché par le tribun Métellus, qui voulait l'outrager. Cicéron avait commencé par ces mots : *Je jure*... Le tribun l'interrompit, et déclara qu'il ne lui permettrait pas de haranguer. Il s'éleva un grand murmure. Cicéron s'arrêta un moment; et renforçant sa voix noble et sonore, il dit pour toute harangue : *Je jure que j'ai sauvé la patrie.* L'assemblée enchantée, s'écria : *Nous jurons qu'il a dit la vérité.* Ainsi la méchanceté de ses ennemis tourna à sa gloire, et lui prépara un des plus beaux jours de sa vie.

Quelque temps après *Clodius*, autre tribun du peuple, forma contre lui une puissante cabale. Ce Clodius était un homme débauché, accusé de plusieurs infamies, et qui n'avait échappé à un jugement sévère qu'en corrompant ses juges à force d'argent. Sa haîne contre Cicéron venait de ce que celui-ci avait témoigné contre lui. Dans ce revers, Cicéron eut recours à ses meilleurs amis pour le soutenir et le défendre ; mais César, qu'il n'avait pas voulu comprendre dans la conjuration de Catilina, était devenu son ennemi, ainsi que Crassus ; et Pompée, qu'il avait obligé tant de fois, refusa de le voir. Il fut abandonné à toute la fureur de Clodius, qui le faisait outrager par la canaille qui lui était dévouée, dans les rues de cette même ville que ce grand homme avait sauvée. Enfin il se vit contraint de fuir de Rome. A peine Clodius en fut-il averti, qu'il le fit bannir par arrêt du peuple, et le fit déclarer interdit par affiches publiques. Non content de cet acte tyrannique, il fit brûler ses maisons de campagne, celle qu'il avait à la ville, et fit vendre à l'encan tous ses meubles. Cicéron, si grand par son génie et ses lumières, manquait de cette force qui fait soutenir la bonne fortune avec modération, et la mauvaise avec calme : il se montra, dans sa douleur, indigne de l'idée qu'on se formait de lui ; il ne faisait que se plaindre, et paraissait dans un abattement qui ne convenait guères à un homme qui avait écrit de si beaux préceptes de philosophie, et qui voulait qu'on l'appelât *philosophe*. Enfin ses ennemis poussèrent leur haîne si loin, que tous les honnêtes gens s'élevèrent en même temps en sa faveur ; le sénat même, d'une voix unanime, ordonna que l'on n'arrêterait aucune affaire que le retour de Cicéron ne fût premièrement décrété. Le consul d'alors échauffa le tumulte à ce sujet, au point qu'il y eut des tribuns du peuple blessés sur la place, et nombre de personnes de tuées. Pompée lui-même vint en force, chassa Clodius qui résistait encore, et rassembla le peuple qui, au milieu des acclamations de joie, décréta le retour de Cicéron. Le sénat, pour enchérir, ordonna que les villes qui avaient reçu et honoré cet illustre banni, recevraient des éloges, et que les possessions et les maisons qui avaient été détruites par Clodius seraient rétablies aux dépens du public. Ainsi Cicéron revint après seize mois d'exil, et il excita par sa présence, sur son passage, une si grande joie, qu'il disait lui-même, *qu'à ne considérer que les intérêts de sa gloire, il eût dû, non pas résister aux violences de Clodius, mais les rechercher, et même les acheter.*

Le gouvernement de Cilicie lui étant échu, il s'y distingua par son équité, par un désintéressement admirable, par son affabilité avec tout le monde, et par une activité égale aux besoins de son gouvernement. Les Parthes étant venus attaquer Antioche en pleine paix, il se mit à la tête des légions, pour garantir sa province de l'incursion de ces peuples. Il surprit les ennemis, les défit, se rendit maître de Pindenisse, l'une de leurs plus fortes places, la livra au pillage, et en fit vendre les habitans à l'enchère. Ces exploits guerriers lui firent décerner par ses soldats le titre d'*imperator*, et on lui aurait accordé à Rome l'honneur du triomphe, sans les obstacles qu'y mirent les troubles de la république. Ces applaudissemens étaient d'autant plus flatteurs pour lui, que la valeur et l'intrépidité ne passaient pas pour ses plus grandes vertus.

A son retour à Rome, il trouva la république partagée entre César et Pompée. Il fallait se décider entre ces deux ambitieux : Cicéron était timide, pusillanime ; il savait bien quel parti était le plus juste, mais il prévoyait d'avance que le succès trahirait la bonne cause. *C'est avec Pompée que je dois fuir*, disait-il ; *c'est à lui que s'attachent les meilleurs citoyens, mais César conduit mieux ses affaires.* Enfin, après avoir balancé plus qu'il ne convenait à un tel personnage, il se décida à partir pour le camp de Pompée. Il n'y fut pas plutôt arrivé qu'il s'en repentit : Pompée le voyant mal affermi, ne lui confia rien d'important, ce qui mortifia beaucoup son amour-propre, qui était excessif. Après la mort de ce grand capitaine, les principaux chefs du parti voulurent le mettre à la tête des troupes qu'avait rassemblées Brutus ; mais il s'en défendit de toutes ses forces. Le fils de Pompée fut si irrité de cette pusillanimité, qu'il tira son épée, et l'eût sacrifié à l'instant, si Caton n'eût retenu le bras du jeune homme. Enfin, toujours poussé par une crainte qui lui faisait faire tout ce qu'il n'approuvait pas, il fut trouver César, et en fut reçu beaucoup mieux qu'il ne l'espérait. César n'avait pas besoin de lui alors; mais il savait tout le parti qu'on pouvait en tirer dans d'autres circonstances : d'ailleurs, sa politique était de marquer une clémence qui l'empêchât de ressembler à Marius et à Sylla.

Cependant la république n'existait plus: Cicéron, qui dans le fond était un excellent citoyen, ne voulut prendre aucune part aux affaires publiques; il se mit à enseigner l'éloquence et la philosophie à tous les jeunes Romains qui desirèrent suivre un aussi grand maître. Cette carrière nouvelle lui fit presque autant d'honneur que celle qu'il avait déjà parcourue : on ne parlait que de lui dans la ville, et César n'était peut-être pas fâché de voir cette petite diversion. Tout le temps qu'il n'était pas à Rome, il le passait à une maison de campagne charmante qu'il avait auprès de Tusculum. C'est là qu'il composa la plus grande partie de ces ouvrages immortels où il enseigne la plus belle morale et la philosophie la plus convenable à l'homme. Ces nobles loisirs qu'il consacra à l'instruction de tous les âges, lui font aujourd'hui plus d'honneur encore que le courage et la prudence qu'il montra en arrachant sa patrie des mains du féroce Catilina.

César ayant été tué, il revint au sénat, et parut un des plus ardens adversaires d'*Antoine*, qui, pour lors, était consul, et tâchait de remplacer César, en excitant la pitié du peuple sur la mort de ce tyran. Quoique Cicéron eût regretté plus que personne l'ancien ordre de choses, Brutus, son intime ami, se garda bien de le mettre au nombre des conjurés : il connaissait trop son caractère craintif et incertain ; il lui suffisait de savoir que l'on trouverait en lui, après la chute de César, un des plus zélés républicains. Il se montra tel en effet, et, découvrant l'ambition secrète d'Antoine, il le contraignit à fuir de Rome. Mais tandis qu'il travaillait avec tant d'ardeur à rétablir la liberté, il appuyait et avançait de toute sa puissance celui qui devait la détruire sans retour. Le jeune *Octavius César*, qui s'était porté pour héritier de César, ayant eu quelque différend à ce sujet avec Antoine, avait imploré le crédit et l'autorité de Cicéron : celui-ci saisit aussitôt l'occasion d'opposer un nouvel adversaire à Antoine, qu'il redoutait beaucoup; il éleva cet adversaire, et lui fit même donner le commandement de l'armée qui combattit contre Antoine.

Octave était rusé; il louait Cicéron qui n'était jamais rassassié de louanges, et lui faisait faire, par ce moyen, tout ce qu'il jugeait convenable à sa fortune. Comme le sénat allait lui ôter son armée, et qu'il se vit prêt à perdre toutes les espérances qu'il avait formées, il s'avisa de porter Cicéron à demander avec lui le consulat, en ajoutant qu'il se trouverait trop heureux de pouvoir se conduire par les conseils d'un homme aussi habile, et qu'il ne desirait une partie du pouvoir que pour la lui remettre. Cicéron, trop souvent la dupe de sa vanité, donna dans le piége;

mais à peine Octave fut-il consul, qu'il laissa Cicéron, et se joignit à Antoine et Lépide pour former le second triumvirat. Il porta même la lâcheté et la perfidie jusqu'à abandonner, de gré à gré, Cicéron, de qui il tenait tout, à la fureur d'Antoine. Celui-ci fit aussitôt partir des gens pour immoler son plus mortel ennemi.

Cicéron était à la campagne lorsqu'il apprit sa proscription. Il partit aussitôt pour aller joindre Brutus qui avait assemblé une armée dans la Macédoine. Mais son caractère incertain fut cause de sa perte ; il était déjà embarqué, et par conséquent sauvé, lorsqu'il se fit remettre à terre, ne pouvant se persuader qu'Octave, qui lui avait donné nombre de fois le nom de *père*, l'eût entièrement abandonné. Il en fut bientôt convaincu. Les satellites d'Antoine l'atteignirent comme il se faisait porter de nouveau vers le rivage de la mer pour se rembarquer. Le chef de ces satellites était un nommé *Pompilius Léna*, qu'il avait, par son éloquence, sauvé du dernier supplice. Enfin, Cicéron appercevant ses meurtriers qui accouraient à lui, commanda à ses serviteurs de poser sa litière; et prenant sa barbe avec sa main gauche, il regarda tranquillement ceux qui allaient lui donner la mort. Ces misérables, n'osant le regarder en face, se couvrirent les yeux, tandis qu'un centenier lui trancha la tête et la main droite, que l'on porta aussitôt à Antoine, qui fit exposer ces tristes restes du plus grand des orateurs, du libérateur de sa patrie, sur la tribune aux harangues, qu'il avait tant de fois fait retentir de sa voix éloquente. *Fulvia*, épouse d'Antoine, aussi féroce que lui, perça en plusieurs endroits, avec un poinçon d'or, la langue de Cicéron. Cet homme illustre avait soixante-trois ans lorqu'il fut égorgé. Les historiens le peignent avec une taille haute, mince, le cou d'une longueur extraordinaire, le visage mâle et les traits réguliers, l'air si ouvert et si serein qu'il inspirait à la fois l'attachement et le respect. Son tempérament était faible, mais il l'avait fortifié par sa frugalité. Il s'habillait avec la modestie et la décence qui convenaient à son rang et à son caractère, et préférait la propreté au luxe des habits. Rien n'était plus aimable que son humeur dans la vie domestique ; son seul défaut, dans ce cas, était d'aimer trop la raillerie, et de ne pas craindre de se faire un ennemi pour un bon mot. S'il eût eu plus d'énergie dans le caractère, et un amour-propre mieux entendu, c'eût été un des hommes les plus parfaits. Enfin il est à croire aussi qu'avec la fermeté qui lui manquait, il eût donné une autre tournure aux affaires publiques, et que la liberté romaine n'eût pas péri sitôt.

CATON D'UTIQUE,

VERTUEUX CITOYEN ROMAIN,

Né l'an 93 avant notre ère.

CATON D'UTIQUE descendait de Caton le censeur, et fut digne d'une aussi belle origine. Ce fut le seul Romain qui, au milieu du désordre, de l'ambition et de la soif des richesses qui tourmentaient ses compatriotes, se montra vraiment vertueux, et rappela les mœurs qui avaient fait la puissance et la gloire de la république. Encore un homme comme lui, et Rome eût peut-être été sauvée. Dès son enfance il annonça cette force d'ame et cette haîne de l'injustice qui le distinguèrent si éminemment dans le cours de sa vie. En voici deux traits remarquables. *Drusus*, son oncle, était tribun du peuple, et plusieurs nations d'Italie, alliées des Romains, desiraient d'être admises au nombre des citoyens de Rome: *Pompédius*, l'un des chefs des alliés, s'avisa de demander, en badinant, au jeune Caton sa recommandation auprès de son oncle. L'enfant garda le silence, témoignant, par son regard et par un air de mécontentement, qu'il ne voulait pas faire ce qu'on lui demandait. Pompédius insista; et, voulant pousser à bout cet enfant, il le prit par le milieu du corps, et le porta à la fenêtre, le menaçant de le laisser tomber s'il persévérait dans son refus. Mais la crainte ne fit pas plus d'effet que les prières; et Pompédius, en le remettant dans la chambre, dit : Il est fort heureux pour les alliés que ce ne soit-là qu'un enfant ; s'il était homme, nous n'aurions pas un seul suffrage. Ce trait marque la fermeté naissante de son caractère. Celui qui suit montre quelle impression faisait sur lui la tyrannie, surtout celle qui ne fait sentir son injustice que par des cruautés. Il avait quatorze ans, quand un jour il fut conduit par *Sarpédon*, son gouverneur, au palais de Sylla. A l'aspect des têtes sanglantes des proscrits, il demanda le nom du monstre qui avait assassiné tant de Romains. C'est Sylla, lui répondit Sarpédon. *Eh quoi !* s'écria le jeune homme, *Sylla les égorge, et Sylla vit encore ! Donne-moi ton épée, que je l'enfonce dans le cœur du tyran ; el que ma patrie soit libre !* Il prononça ces dernières paroles d'un ton de voix si élevé, et avec un regard si animé, que Sarpédon fut saisi de crainte ; et depuis ce moment il observa plus soigneusement son élève, de peur qu'il ne se portât à quelque coup hardi, auquel personne n'osait même penser.

Ce fut sans doute ce spectacle des cruautés

tés de Sylla qui lui inspira cette horreur insurmontable qu'il eut pour le gouvernement d'un seul. Voulant défendre de toutes ses forces les droits de Rome prête à tomber dans la servitude, il cultiva l'éloquence, comme une arme de plus à opposer à l'injustice. Il fut excellent orateur, plein de force, de raisons et d'énergie ; mais comme il parlait pour être utile, et non pour briller, il n'écrivit aucun de ses discours ; et le seul qui nous donne une idée de son talent oratoire, et que nous retrouvons dans *Salluste*, fut recueilli par des *notaires* ou *abréviateurs*, que Cicéron, lors de l'affaire de Catilina, avait placés dans le sénat pour recueillir tout ce qu'on y dirait. Il se distingua aussi dans les armes, et donna des preuves que la vertu plus que la gloire l'animait. Ayant servi avec distinction dans ses premières campagnes, le consul *Gellius* lui offrit les récompenses militaires ; mais il les refusa, trouvant qu'il ne les avait pas encore méritées.

Elevé à la dignité de questeur, il montra la fermeté de l'homme intègre, et refusa de payer les pensions que Sylla avait constituées à ses satellites sur le trésor public. Comme Métellus briguait le tribunat dans une mauvaise intention, Caton le demanda, seulement pour enlever à un méchant le pouvoir de faire le mal. Il s'unit contre Catilina avec Cicéron, et lui fut très-utile. Il fut un des premiers qui devina le but secret de César, et s'opposa souvent seul, avec une vertueuse opiniâtreté, à tout ce que proposait cet effréné ambitieux. Il s'éleva aussi contre le triumvirat de Pompée, César et Crassus, et tâcha ensuite d'accorder les deux premiers pendant les guerres civiles. Ses soins ayant été inutiles, il se tourna du côté de Pompée, qui avait au moins le sénat pour lui, et qui ne violait point si ouvertement les lois. Il avait résolu dans son cœur de se donner la mort si César était vainqueur, et seulement de s'exiler si Pompée restait le maître. Le deuil de son ame avait passé sur ses habits, et il ne quitta point ce vêtement de tristesse depuis le commencement de la guerre civile jusqu'à sa mort.

Enfin la journée de Pharsale ayant terminé cette grande lutte, Caton, persuadé que la cause de la justice était absolument perdue, ne voulut point survivre à la liberté de sa patrie ; il se renferma dans Utique, fit partir les débris du sénat, engagea ses amis à se confier en la clémence du vainqueur, et prit un dernier repas avec eux. Pendant ce repas, il tourna la conversation sur l'espoir que l'homme juste peut porter au-delà de la vie, et parut aussi tranquille que s'il n'eût pas marqué l'instant prochain de sa mort. Son fils, cependant, ayant cru deviner qu'il méditait quelque sinistre projet, ôta son épée du chevet de son lit. Caton s'en étant apperçu, ordonna avec fermeté qu'elle fût remise à sa place ; et, après avoir embrassé son fils qui versait des larmes, il se coucha et se mit à lire un traité de *Platon*, sur l'*immortalité de l'ame*. Au milieu de la nuit, il interrompit sa lecture pour envoyer un esclave sur le port, s'informer si les sénateurs étaient embarqués et en sûreté. Assuré qu'ils n'avaient plus rien à craindre, et que le vent leur était favorable, il se remit à sa lecture. Se sentant le besoin de dormir, il regarda auparavant si son épée était bien aiguisée ; et la trouvant en bon état, il dit : *Enfin je suis maître de mon sort.* Il s'endormit ensuite avec calme. Au point dn jour il s'éveilla, et se décida à terminer son dessein, en se passant son épée au travers du corps. N'ayant pas frappé de manière à se faire expirer sur-le-champ, il voulut recommencer ; mais il tomba de son lit, et fit en même-temps tomber une table qui était près de lui. Le bruit qui en résulta fit accourir son fils et ses esclaves, qui avaient passé la nuit dans les alarmes : on essaya de le secourir ; mais il saisit avec force ses entrailles, qui sortaient par sa blessure, les déchira, et mourut presque aussitôt. Il avait alors 48 ans.

Montesquieu pense que, s'il eût consenti à vivre, il eût par la suite donné un autre tour aux affaires ; il est presque certain qu'il eût été du parti de Brutus ; et un homme comme lui, que ses ennemis mêmes étaient forcés d'admirer, eût donné un grand poids à la cause qu'il eût embrassée. *Mably* dit au contraire que cet illustre Romain, en se conduisant comme un citoyen de la république de *Platon* parmi des brigands, ne pouvait trouver aucun de ces moyens propres à renverser des ambitieux qui ne respectent rien : sa vertu même contrariait ses bonnes intentions. Il fallait peut-être des crimes pour arrêter le cours de ceux de César, et Caton ne connaissait que les lois et respectait trop la justice.

JUNIUS BRUTUS,

ARDENT RÉPUBLICAIN.

Marcus Junius Brutus fut un de ces hommes qui portent l'amour de la patrie et de la liberté jusqu'au fanatisme, et qu'on ne peut ni louer ni blâmer qu'avec la certitude de déplaire à quelqu'un. Caton, son oncle, fut le modèle sur lequel il se forma. Il était préteur, ainsi que *Cassius*, lorsqu'il forma avec ce dernier le projet hardi de rendre la liberté à Rome. Depuis quelque temps on semblait secrètement l'inciter à ce coup : on avait trouvé au pied de la statue de *Brutus l'ancien*, une inscription par laquelle on exprimait le desir de voir revivre cet ennemi de la tyrannie ; on avait aussi écrit sur le siége de Junius : *Tu dors, Brutus, et Rome est dans les fers !* Enfin il remplit le vœu de ceux qui espéraient en lui, et conduisit avec tant de secret la conjuration, que César en fut la victime, ainsi que nous l'avons déjà dit.

On a rapporté que César, lui voyant lever le poignard sur lui avec les autres conjurés, lui dit : *Et toi aussi, mon fils !* mais, au sentiment de *Suétone*, c'est une fable tout-à-fait dénuée de vraisemblance. César, qui avait aimé et séduit *Servilie*, mère de Brutus, chérissait en effet ce fils, mais non pas à titre de père. Peut-être essaya-t-il de rompre l'austérité de son caractère qu'il redoutait, ainsi qu'il le laissa voir, en disant *que ce n'était pas ces jeunes gens bien portans et bien frisés qu'il fallait craindre, mais ceux qui étaient maigres et pensifs*. Ce fut peut-être en effet pour se l'attacher, qu'il le mit au nombre de ses héritiers ; mais ces bienfaits ne firent rien sur Brutus, il fut toujours à Caton, et jamais à César : toutes ces avances même lui parurent des piéges dont il fallait se défier.

Tous les partisans de l'ancien ordre de choses applaudirent au courage des conjurés ; mais le peuple, soulevé par les amis de César qui espéraient devenir ses successeurs, empêcha qu'on leur rendît les honneurs que le sénat voulait leur décerner. Brutus lui-même fut la cause que son entreprise n'eut point un entier succès ; il s'opposa à ce qu'Antoine et les principaux chefs du parti contraire fussent sacrifiés avec César. Cette pitié lui devint funeste, et ne laissa que le souvenir d'un assassinat inutile à la république. Antoine se mit à la tête des partisans de César, et les conjurés furent obligés de fuir avec les républicains les plus zélés. La guerre civile renaquit de ses cendres. Brutus et Cassius se mirent à la tête d'une armée assez considérable et bien disposée. Marc-Antoine et Octave marchèrent contre eux. Ce fut à la bataille de Philippe que se décida cette nouvelle lutte. Brutus remporta la victoire ;

mais Cassius, de son côté, fut entièrement défait, et croyant que son collègue avait éprouvé le même malheur, et qu'il ne restait plus aucun espoir aux républicains, il se donna la mort, pour ne point tomber entre les mains des vainqueurs. Brutus, qui n'avait pu savoir ce qui se passait au camp de Cassius, y étant arrivé, fut si troublé de tout ce désordre, qu'il ne vit d'autre ressource pour lui que d'imiter Cassius. Il était persuadé que l'armée de mer de son parti, dont il ne recevait point de nouvelles, était également défaite, quoiqu'elle eût remporté un avantage considérable. Ainsi, quoique presque vainqueur, il s'abandonna au désespoir, et s'arracha une vie qui eût pu être très-utile à la république. On peut donc dire de ce célèbre républicain, qu'il eut plus de hardiesse pour tenter une entreprise, que de génie pour la conduire, et qu'il eut plus de courage pour mourir que pour se mettre au-dessus de la mauvaise fortune.

CÉSAR AUGUSTE,

EMPEREUR ROMAIN,

Né l'an 63 avant notre ère.

Caius Cesar Octavius naquit à Rome, l'an 63 avant l'ère vulgaire, d'*Octavius*, édile du peuple, et d'*Accia*, fille de *Julia*, sœur de Jules César. Il n'avait que quatre ans quand il perdit son père, et dix-huit seulement lorsque César, son oncle, fut tué. Il était alors occupé de ses études à Apollonie en Grèce. Il partit aussitôt pour aller recueillir la succession de son grand-oncle, qui l'avait fait son héritier, et l'avait adopté pour son fils. Il se concilia les sénateurs par ses souplesses, et la multitude par des libéralités, des jeux et des fêtes. Il s'attacha sur-tout à Cicéron, qui, par son éloquence et son crédit, lui fut très-utile; il lui prodiguait les louanges, et l'appelait même *son père*. Cicéron, qui était toujours dupe de sa vanité, et qui craignait beaucoup Antoine, contribua plus que personne à l'élévation du jeune César: il voulait l'opposer à son ennemi; et le sénat entra dans les mêmes vues, se réservant d'abattre ensuite cette nouvelle idole. Antoine déclaré ennemi de la république, on donna donc à Octave la même autorité qu'aux consuls. Il s'en servit heureusement. Antoine fut défait à la bataille de Modène, et les deux consuls *Hirtius* et *Pansa*, qui commandaient l'armée, ayant péri dans cette journée, Octave resta seul à la tête des troupes. Suétone rapporte que le bruit courut qu'il avait été la cause de la mort des deux consuls, afin qu'Antoine étant mis en fuite, et la république demeurant sans magistrats suprêmes, il eût moyen de se saisir des armées victorieuses. D'autres disent que Pansa, en mourant, lui déclara l'intention du sénat, qui était d'affaiblir Octave et Antoine l'un par l'autre, et de confier ensuite l'autorité aux partisans de Pompée.

Son intérêt, plus encore que ces raisons, le détacha du sénat: *Lépide* s'étant joint à Antoine, il se sentit trop faible, et chercha alors à lier sa cause à celle de ses antagonistes. Ces trois rebelles eurent une entrevue dans laquelle ils formèrent cette fameuse ligue que l'on appelle le *second triumvirat*, et convinrent de partager entre eux toutes les provinces de l'empire et le pouvoir suprême, pendant cinq ans, sous le titre de triumvirs réformateurs de la république, avec la puissance consulaire. Ces réformateurs jurèrent en même temps la perte de ceux qui pouvaient s'opposer à leurs projets criminels. On disputa longtemps sur ceux qui devaient être proscrits. Ils s'abandonnèrent l'un à l'autre leurs amis et leurs parens. Antoine, qui ne pouvait pardonner à Cicéron, demanda sa tête ; et le lâche et perfide Octave accorda la mort de cet homme illustre qu'il avait bassement flatté, et à qui il devait sa grandeur. En échange, Antoine donna celle de son oncle, et Lépide celle de son frère. Pour mieux cimenter cet affreux traité, il y eut une promesse de mariage entre Octave et *Clodia*, belle-fille d'Antoine. Les tyrans conjurés arrivent à Rome, affichent leur liste de proscriptions et la font exécuter. Il y eut plus de trois cents sénateurs et plus de deux cents chevaliers qui furent massacrés. Des fils livrèrent leurs pères aux bourreaux, pour profiter de leurs dépouilles. Tous ces meurtres, suivant la coutume, furent colorés des apparences de la justice. « On assassina en vertu d'un édit : et qui osait donner cet édit ? trois scélérats sans pudeur, sans foi, fourbes, ingrats, avides, sanguinaires, qui, dans une république bien policée, auraient péri par le dernier supplice. » (*Dict. historique.*) L'avarice eut tant de part aux proscriptions, que les triumvirs imposèrent une taxe exorbitante sur les femmes et les filles des proscrits, afin qu'il n'y eût aucun genre d'atrocité dont ces prétendus vengeurs de la mort de César ne souillassent leurs usurpations.

Octave se montra le plus féroce des trois. Suétone rapporte qu'un citoyen qu'on menait, par ses ordres, au supplice, lui demanda de faire au moins accorder à son cadavre les honneurs de la sépulture ; le barbare lui répondit : *Sois sans inquiétude, les corbeaux en auront soin.*

Le même historien dit aussi, qu'un père et un fils le suppliant pour la vie l'un de l'autre, il leur commanda de tirer au sort lequel des deux ne serait point tué, ou de se battre en duel; mais le père, qui voulait se dévouer à la mort, s'étant tué, le fils se laissa tomber sur la pointe de son épée, et le cruel Octave regarda tranquillement mourir ces deux hommes généreux.

Ces bourreaux, ayant assouvi leur rage à Rome, songèrent à détruire Brutus et Cassius, qui s'étaient retirés en Macédoine. Octave et Antoine marchèrent contre eux, tandis que Lépide resta à Rome pour la maintenir dans la tranquillité, ou plutôt la terreur. Ils livrèrent bataille dans la plaine de Philippe. Tandis qu'Antoine vainquit Cassius, Octave fut vaincu par Brutus : il se conduisit même avec tant de lâcheté dans cette action, qu'il feignit d'être malade pour ne point paraître au combat. Peu s'en fallut que les républicains ne l'eussent atteint dans sa litière. Antoine ayant réparé le désordre, et défait Brutus dans une seconde bataille, ce dernier se donna la mort. Sa tête fut portée à Octave, qui l'accabla d'outrages, et la fit embarquer pour Rome, avec ordre de la jeter aux pieds de la statue de César. Ce bonheur le rendit si insolent, qu'il fit mourir les prisonniers les plus distingués, après les avoir insultés.

De retour en Italie, ce féroce tyran s'occupa de récompenser ses soldats vétérans. Il fit dépouiller les habitans des plus beaux pays de l'Italie ; il chassa de leurs foyers un nombre prodigieux de familles innocentes, pour enrichir les meurtriers qui étaient à ses gages.

Pendant ce temps, Antoine était retenu en Egypte par son fol amour pour Cléopâtre ; *Fulvie*, son épouse, voulant le faire revenir à Rome, remua contre Octave : celui-ci, pour s'en venger, répudia Clodia, sa fille, et la força elle-même de quitter l'Italie. Antoine alors, sortant de son inactivité, voulut s'opposer aux progrès de son compétiteur ; mais Fulvie étant morte, ces deux ambitieux se rapprochèrent de nouveau, et Antoine épousa *Octavia*, sœur d'Octave. Ils se partagèrent ensuite l'empire ; l'un eut l'orient, et l'autre l'occident.

Le fils de Pompée tenait encore la Sicile. Octave, après lui avoir fait la guerre à plusieurs reprises, le vainquit dans un combat naval, entre Milas et Naulorchium. On lui reproche d'avoir encore montré dans cette bataille sa lâcheté naturelle, en se tenant couché sur le dos au fond de son navire, tandis que l'on se battait. *Agrippa*, qui commandait sous lui, et par les talens duquel il vainquit, lui rendit le courage en lui apprenant la victoire.

Lépide, son collègue au triumvirat, était venu d'Afrique pour le secourir ; Octave choisit cette occasion pour lui ôter l'autorité et se l'approprier. Il fut sur le point de le faire périr ; mais il se contenta de l'envoyer en exil au mont Circée. Ses victoires lui donnèrent dès-lors dans Rome un pouvoir sans bornes. On lui décerna les plus grands honneurs. Il abolit les taxes imposées pendant les guerres civiles ; il établit un corps de troupes chargé d'exterminer les brigands qui infestaient l'Italie ; il décora Rome d'un grand nombre d'édifices pour l'utilité et pour l'agrément ; il distribua aux vétérans les terres qu'on leur avait promises, n'employant cette fois-ci que des fonds appartenans à la république ; il fit brûler dans la place publique des lettres et autres écrits de plusieurs sénateurs, trouvés dans les papiers du dernier Pompée, et dont il aurait pu se servir contre eux. Le peuple, qui n'avait plus rien de cet amour de la liberté qui avait distingué ses ancêtres, crut que rien ne pouvait payer les grands services d'Octave, qui, dans tout cela, ne songeait qu'à lui-même, et le créa, contre les lois et la coutume, tribun perpétuel.

Le perfide Octave, qui sentait ses forces, dont il avait déjà fait l'essai contre Lépide, voulut se débarrasser d'Antoine et rester seul maître. Le refus qu'Antoine fit de recevoir sa femme Octavia, fut un prétexte de guerre qui vint fort à propos. Octave marcha contre lui, et après quelques petits combats, cette guerre fut terminée par la bataille navale d'Actium, l'an 31 avant notre ère. Antoine lui avait fait proposer auparavant un combat particulier ; mais Octave, en qui la valeur n'était pas la première vertu, répondit qu'Antoine avait, pour sortir de la vie, d'autres chemins que celui du duel. La journée d'Actium donna à Octave l'empire du monde. Il marcha ensuite vers Alexandrie, et y assiégea Antoine et Cléopâtre. S'étant rendu maître de la ville, il contraignit Antoine qui voulait, mais trop tard, entrer en accommodement, à se donner lui-même la mort. Il n'eut plus de rivaux à l'empire. Il permit à Cléopâtre de lui faire de magnifiques funérailles, et feignit même de répandre des larmes sur sa mort ; mais c'était celles d'un fourbe ; car, dans la crainte que le fils aîné d'Antoine ne fût pour lui, dans la suite, un nouvel ennemi, il le fit tuer, quoique ce jeune homme, en embrassant l'autel de César, le suppliât de lui laisser la vie. Il fit même périr aussi *Césarion*, fils de Cléopâtre et de César, dont il se disait cependant le vengeur. Il voulait réserver la reine d'Egypte pour l'ornement de son entrée triomphale à Rome ; mais cette femme, après avoir vécu dans une débauche presque continuelle, sut mourir avec courage, et se fit piquer par un aspic, pour échapper aux mains de son vainqueur, qu'elle avait néanmoins auparavant essayé de séduire par ses charmes.

Octave, quoique cruel naturellement, savait être clément par politique : il reçut avec une bonté affectée les officiers et les soldats d'Antoine, et sut se les attacher en oubliant qu'ils avaient été ses ennemis. Enfin il revint à Rome, et eut l'honneur de trois triomphes différens : l'un pour une victoire sur les Dalmates, l'autre pour la bataille d'Actium, et le troisième pour celle d'Alexandrie. Pour la première fois, depuis deux cent cinq ans, on ferma le temple de Janus, et l'empire se vit dans une profonde paix. Le peuple ne savait qu'imaginer pour lui faire honneur ; le sénat lui donna le nom d'*Auguste*, et les deux ordres se réunirent pour lui décerner le titre et l'autorité d'empereur ou général perpétuel. Ainsi Rome elle-même livra sa liberté à un ambitieux qui venait d'écraser un autre ambitieux, et se réjouit de voir que l'usurpateur de ses droits pouvait enfin jouir en paix du fruit de ses crimes : elle porta la dégradation plus loin encore ; elle éleva des temples et des autels à ce monstre, qui avait répandu autant de sang que Sylla, et qui, par sa lâcheté, était la fable même de ses troupes.

Ce même homme cependant que nous avons vu si cruel jusqu'alors, changea tout-à-fait quand l'empire lui fut assuré : il marqua de la douceur, de la clémence, et pardonna même à ceux qui formèrent des projets pour le renverser. Quelques historiens lui ont fait honneur d'une modération qui ne fut qu'une feinte pour mieux s'assurer ce qu'il tenait : on rapporte qu'épouvanté du fardeau énorme dont il s'était chargé, il voulut imiter Sylla et quitter l'empire, pour remettre au peuple et au sénat leurs droits, et qu'ayant consulté *Agrippa* et *Mécène*, le premier lui conseilla d'exécuter son projet, tandis que le second l'en détourna. Il poussa même ce jeu de sa politique jusqu'à proposer en plein sénat de quitter le pouvoir souverain, bien assuré d'avance qu'on n'accepterait pas ; ce qui arriva en effet. Le sénat, alors composé d'hommes sans énergie, lui déféra au contraire le titre de *père de la patrie*.

Le plus grand service qu'il rendit à ses concitoyens, et c'en était un très-grand après tant de troubles et de fatigues, c'est qu'il entretint la paix la plus profonde dans l'empire pendant son long règne. Il s'occupa de faire des lois utiles, continua d'embellir la ville, et la rendit, par sa magnificence, si différente d'elle-même, que sur la fin de sa vie il disait : *J'ai trouvé Rome bâtie en briques, et je la laisse bâtie en marbre*. Il visita l'une après l'autre presque toutes les provinces de son vaste empire, et porta l'ordre par-tout. Revêtu de la dignité de grand pontife, après la mort de Lépide, il fit brûler tous les livres religieux dont on doutait de l'authenticité, établit de nouveau le calendrier qu'avait réglé Jules César, et donna au mois qu'on nommait *Sextilis*, son nom d'*Auguste*, dont nous avons fait *août*, ou bien *oût*.

Dans ses momens de loisir il cultiva les lettres, et se plut à vivre en familiarité avec quelques-uns des bons écrivains et des bons poètes de ce temps : *Virgile* et *Horace* étaient ses amis. En cela il entendit très-bien ses intérêts ; car les ouvrages de ces esprits divins ont plus assuré sa réputation que son génie ; ils lui ont même fait une gloire que l'on proclame toujours par habitude, et qui fait oublier une partie de ses crimes et de ses vices. Quoiqu'il affectât de parler comme un homme vertueux, il ne respecta pas toujours la vertu : il épousa et répudia plusieurs femmes ; il ravit à Tibère-Néron *Livie*, son épouse, qui était enceinte, pour en faire la sienne. Il se livra quelquefois aux voluptés sans aucune pudeur ; il porta même l'impudence jusqu'à ravir, pendant un souper, la femme d'un consul devant son mari, et osa la ramener ensuite. L'époux n'en rougit point, et le tyran ne craignit pas de traiter avec tant de mépris des gens qui ne craignaient pas eux-mêmes de s'avilir. Avec ces vices il était comme Jules César, d'une sobriété vraiment exemplaire. Quoiqu'il eût rempli Rome d'édifices magnifiques, il se contentait de maisons fort simples par leur construction et leur ameublement.

S'il fut heureux dans toutes ses entreprises, il ne le fut guère dans ses affaires domestiques : il ne dut probablement s'en prendre qu'aux mauvais exemples qu'il y donnait. Un prince qui employait jusqu'à son épouse pour pourvoir à ses plaisirs impudiques, devait nécessairement avoir des enfans corrompus ; aussi sa nièce et sa fille Julie se livrèrent-elles à un libertinage qui lui causa autant de honte que de chagrin. Il les exila à perpétuité dans des îles, et ne voulut jamais entendre de supplications à leur sujet. Il supporta même avec plus de courage la mort de ses autres enfans que l'infamie de celles-ci ; et il répétait souvent dans sa vieillesse, un vers grec dont le sens était : *Plût aux dieux qu'il m'eût été permis de vivre sans femme et de mourir sans enfans !* Ne se voyant point d'héritier, il adopta publiquement et selon les lois, *Tibère*, fils de Livie, son épouse, et l'associa à l'empire. Cette adoption fut le plus grand mal qu'il fit à sa patrie.

Enfin, parvenu à l'âge de 76 ans, après en avoir régné 40, et avoir été à la tête des affaires depuis sa vingtième année, il vit arriver son dernier moment avec une sorte de calme. Suétone dit que, sentant la vie qui l'abandonnait, il demanda un miroir, se fit peigner, raser et farder, et qu'ensuite, se tournant vers ceux qui étaient auprès de lui, il leur demanda *s'il avait bien joué son rôle*. Quelqu'un ayant répondu *oui*, il ajouta : *Applaudissez donc, car la pièce est finie*. Sa mort arriva l'an 8 de notre ère.

Je ne puis mieux terminer la vie d'un homme qui a joué un rôle aussi grand et aussi heureux, que par les réflexions que *Montesquieu* a faites sur sa conduite. Elles jettent un grand jour sur ce qui paraît étonnant dans le sort de ce Romain.

« Je crois, dit notre philosophe, qu'Octave est le seul de tous les capitaines romains qui ait gagné l'affection de tous les soldats, en leur donnant sans cesse des marques d'une lâcheté naturelle. Dans ces temps-là les soldats faisaient plus de cas de la libéralité de leur général, que de son courage. Peut-être même que ce fut un bonheur pour lui de n'avoir point eu cette valeur qui peut donner l'empire, et que cela même l'y porta : on le craignait moins. Il n'est pas impossible que les choses qui le déshonorèrent le plus, aient été celles qui le servirent le mieux. S'il eût d'abord montré de la grandeur d'ame, tout le monde se serait méfié de lui ; et s'il eût eu de la hardiesse, il n'eût pas donné à Antoine le temps de faire des extravagances qui le perdirent.

« Antoine se préparant contre Octave, jura à ses soldats que deux mois après sa victoire il rétablirait la république ; ce qui fait bien voir que ses soldats mêmes étaient jaloux de la liberté de leur patrie, quoiqu'ils la détruisissent sans cesse, n'y ayant rien de si aveugle qu'une armée. La bataille d'Actium se donna ; Cléopâtre fuit, et entraîna Antoine avec elle... »

« Ce qu'il y a de surprenant dans ces guerres, c'est qu'une bataille décidait presque toujours l'affaire, et qu'une défaite ne se réparait pas. Les soldats n'avaient point proprement d'esprit de parti : ils ne combattaient point pour une certaine chose, mais pour une certaine personne ; ils ne connaissaient que leur chef, qui

qui les engageait par des espérances immenses ; mais si le chef battu n'était plus en état de remplir ses promesses, ils se tournaient d'un autre côté...

« Auguste établit l'ordre, c'est-à-dire *une servitude durable ;* car dans un état libre, où l'on vient d'usurper la souveraineté, on appelle règle tout ce qui peut fonder l'autorité sans bornes d'un seul, et on nomme trouble, dissension, mauvais gouvernement, tout ce qui peut maintenir l'honnête liberté des sujets. »

» Tous les gens qui avaient eu des projets ambitieux avaient travaillé à mettre une espèce d'anarchie dans la république : Pompée, Crassus et César y réussirent à merveille. Ils établirent une impunité de tous les crimes publics ; tout ce qui pouvait arrêter la corruption des mœurs, tout ce qui pouvait faire une bonne police, ils l'abolirent ; et comme les bons législateurs cherchent à rendre leurs concitoyens meilleurs, ceux-ci travaillaient à les rendre pires... Ces premiers hommes de la république *cherchaient à dégoûter le peuple de son pouvoir*, et à devenir *nécessaires* en rendant extrêmes les inconvéniens du gouvernement républicain ; mais lorsqu'Auguste fut une fois le maître, la politique le fit travailler à rétablir l'ordre, pour faire sentir le bonheur du gouvernement d'un seul ».

» Lorsqu'Auguste avait les armes à la main, il craignait les révoltes des soldats, et non pas les conjurations des citoyens : c'est pour cela qu'il ménagea les premiers, et fut si cruel aux autres. Lorsqu'il fut en paix, il craignit les conjurations ; et ayant toujours devant les yeux le destin de César, pour éviter son sort, il songea à s'éloigner de sa conduite. Voilà la clef de toute la vie d'Auguste. Il porta dans le sénat une cuirasse sous sa robe ; il refusa le nom de dictateur, et au lieu que César disait insolemment que la république n'était rien, et que ses paroles étaient des lois, Auguste ne parla que de la dignité du sénat, et de son respect pour la république. Il songea donc à établir le gouvernement le plus capable de plaire qu'il fût possible, sans choquer ses intérêts, et il en fit un aristocratique par rapport au civil, et monarchique par rapport au militaire : gouvernement ambigu, qui, n'étant pas soutenu par ses propres forces, ne pouvait subsister que tandis qu'il plairait au monarque, et était entièrement monarchique par conséquent».

» On a mis en question si Auguste avait eu véritablement le dessein de se démettre de l'empire ; mais qui ne voit que, s'il l'eût voulu, il était impossible qu'il n'y eût pas réussi ? Ce qui fait voir que ce n'était qu'un jeu, c'est qu'il demanda, tous les dix ans, qu'on le soulageât de ce poids, et qu'il le porta toujours. *C'étaient de petites finesses pour se faire encore donner ce qu'il ne croyait pas avoir assez acquis.* Toutes les actions d'Auguste, tous ses réglemens tendaient visiblement à l'établissement de la monarchie. Sylla se défait de la dictature : mais dans toute la vie de Sylla, au milieu de ses violences, on voit un esprit républicain ; tous ses réglemens, quoique tyranniquement exécutés, tendent toujours à une certaine forme de république. Sylla, homme emporté, mène violemment les Romains à la liberté : Auguste, rusé tyran, les conduit doucement à la servitude. Pendant que sous Sylla la république reprenait des forces, tout le monde criait *à la tyrannie ;* et pendant que sous Auguste la tyrannie se fortifiait, on ne parlait que de *liberté.* » (*Grandeur et décadence des Romains.*)

MÉCÈNE,

PROTECTEUR DES LETTRES,

Mort 8 ans avant notre ère.

Ce n'est point comme du favori d'Auguste que nous parlerons de *Mécène ;* c'est comme du protecteur des lettres et de l'ami de ceux qui les cultivaient. *Horace* et *Virgile* furent ses intimes, et ces deux excellens poètes ont consacré sa mémoire. Un autre titre à la gloire de Mécène, est le bon usage qu'il fit de sa faveur : il apprit à un usurpateur à faire oublier la violence de sa conduite, et à rendre heureux des peuples qui auraient pu lui dire qu'il n'avait pas le droit de les gouverner. Il ne ménageait guère, dit-on, Auguste sur ses défauts, et les lui reprochait quelquefois avec une sorte de dureté. Auguste, qui connaissait son amitié pour lui, l'écoutait paisiblement, et profitait de ses conseils. S'étant engagé dans de fausses démarches après la mort de ce favori, il s'écria avec amertume : *O Mécène! si tu vivais encore, je ne me repentirais pas maintenant.* On rapporte comme un trait de la franchise de Mécène, que, voyant un jour Auguste sur la place publique, juger des criminels avec un visage allumé de colère, il lui jeta ses tablettes sur lesquelles il avait écrit : *Sors de là, bourreau, et te retire!* Auguste faisant aussitôt réflexion qu'un juge devait être calme, quitta en effet le tribunal, et remit les jugemens à un autre jour.

Mécène fut un de ceux qui conseillèrent plus vivement à Auguste de garder l'empire, tandis qu'*Agrippa* au contraire lui conseilla de rétablir la république. Sans doute il ne regardait les Romains dégénérés que comme une multitude qui ne pouvait plus se conduire elle-même, et qui, pleine de vices et de cupidité, ne s'agiterait que pour le choix d'un maître, si celui même qui alors tenait la puissance ne la consacrait pas pour toujours. Il eut raison en ce point. Les peuples vicieux sont aussi indignes qu'incapables d'être libres. Mais comme il connaissait les hommes, qui, dans leur morale et leurs principes, font plus de cas des mots que des choses, il recommanda fortement à Auguste d'*éviter les noms connus de* monarque *et de* roi, *et de se contenter de celui de* César, *en y ajoutant seulement le titre d'*EMPEREUR *(imperator, général)*. Le piége était assez grossier; aujourd'hui il est usé, mais il réussira encore très-bien au premier usurpateur qui pourra s'en servir. Cromwel le savait bien, et en réunissant dans ses mains la puissance monarchique, il se contentait du titre modeste de *protecteur*, parce que, disait-il, *on sait jusqu'où vont les droits d'un roi, tandis que ceux d'un protecteur sont inconnus.*

Mécène mourut huit ans avant notre

ère. Il reste de lui quelques vers qui nous font connaître la délicatesse de son esprit et de son goût. Il raisonnait pour lui comme pour Auguste : il ne voulut jamais prendre d'autre titre que celui de *chevalier*, qu'il tenait de sa naissance. Son nom romain était *Caïus Clinius Mœcenas*.

HORACE,

POÈTE LATIN,

Né l'an 63 avant notre ère.

L'ESPRIT seul est un titre à l'immortalité ; et celui qui donna les règles certaines du bon goût n'a pas été aussi inutile aux hommes qu'un philosophe de mauvaise humeur et un ignorant grossier oseraient le dire. Horace nous amuse et nous instruit encore, après deux mille ans, par ses écrits ; et par cela même sa mémoire nous est plus chère que celle des ambitieux de son temps qui n'ont laissé qu'un vain nom, et un exemple funeste.

Ce poète aimable et philosophe, dont le nom romain est *Quintus Horatius Flaccus*, naquit d'un affranchi, à Venuse dans la Pouille, l'an 63 avant notre ère. Il dut tout à son esprit. Son père, quoique peu riche, ne négligea pas de cultiver en lui cet heureux don de la nature. Il suivit d'abord le parti des armes et s'attacha à Brutus, qui le fit tribun de soldats; mais la valeur n'était point sa vertu : à la bataille de Philippes, il jeta son bouclier et prit la fuite. Lorsqu'il fut poète favori de Mécène et d'Auguste, il plaisanta sur cette lâcheté, afin de faire oublier qu'il avait pris le parti de la liberté contre le trop heureux usurpateur.

En quittant les armes, il s'adonna tout entier à la poésie, dans l'espérance de sortir de sa misère : *La pauvreté*, dit-il lui-même, *m'inspira l'audace de faire des vers*. Les graces de sa versification et la délicatesse de ses pensées le firent aussitôt connaître de *Varius* et de *Virgile*, qui le présentèrent à Mécène. Sa fortune dès-lors fut faite, et il put, comme il le desirait, cultiver les muses dans une oisiveté insouciante. Mécène en parla si avantageusement à Auguste, que celui-ci voulut le voir, et ne le vit que pour le combler de caresses et de bienfaits. Horace eut le bon esprit de jouir de tant de faveurs sans devenir ambitieux ; il refusa la place de secrétaire intime que lui offrit l'empereur. Prudent et sage courtisan, il s'ouvrait peu, mais ne louait que ce qui était digne de louange.

Ceux qui l'ont jugé sur la liberté répréhensible qui règne dans ses ouvrages, s'en sont fait une idée qui ne lui est rien moins que favorable : ils n'ont vu en lui qu'un ivrogne et un libertin effréné. Le fait est que c'était un véritable épicurien, qui aimait plus que toute chose ses aises et ses plaisirs ; mais il connaissait trop le prix de la modération pour abuser des avantages de la fortune : il jouissait un peu de tout, et ne faisait excès de rien. Quoiqu'il se représente dans ses poésies comme un homme dont la tête embarrassée par les fumées du vin ne peut plus le guider, il était cependant fort sobre, et ses amours n'ont pas été aussi déréglées que les peintures qu'il en fait. Il ne haïssait ni le luxe de la cour, ni la table somptueuse de Mécène ; mais, dès qu'il le pouvait, il allait s'ensevelir dans sa délicieuse solitude de Tibur.

Horace avait la figure maigre, le corps mince, et nous apprenons par un bon mot d'Auguste, qu'il était affligé d'une fistule lacrimale ; car, comme ce prince se plaisait à admettre à sa table Horace et Virgile, qui de son côté avait l'haleine courte, il dit un jour, en se voyant au milieu de ces deux poètes : *Me voilà entre les soupirs et les larmes*. Horace mourut dans sa 57e. année ; 7 ans avant notre ère.

Ses ouvrages sont des *Odes*, des *Satires*, des *Epîtres*, et un *Art poétique*.

VIRGILE,

TRÈS-CÉLÈBRE POÈTE LATIN,

Né l'an 70 avant notre ère.

Publius Virgilius Maro naquit à Andès, village près de Mantoue,

T. II. Pag. 215.

Virgile
Ovide
Téte Live.
Senèque.
Pline le Naturaliste.
Titus

l'an 70 avant notre ère. Les ides d'octobre, qui étaient le 15 de ce mois, devinrent fameuses par sa naissance. Son père était potier de terre, et s'appelait *Maron;* sa mère se nommait *Maïa.* A l'âge de treize ans il fut à Crémone, et y étudia jusqu'à seize la langue grecque, la médecine et les mathématiques. Par la suite il étudia l'astronomie et la physique, et s'en servit, dans ses ouvrages, en homme très-instruit dans ces sciences, pour le temps où il a vécu.

Après la bataille de Philippes, gagnée sur Brutus et Cassius, l'an de Rome 711, Octave-Auguste donna pour récompense à ses soldats vétérans toutes les terres situées autour de Mantoue. Le père de Virgile perdit ainsi tous ses biens : un centurion, ou capitaine de cent hommes, s'empara de sa maison. Virgile, qui avait alors vingt-huit ans, mais qui n'était encore connu par aucun ouvrage, fit sa cour à *Pollion*, qui commandait quelques troupes dans le pays, et s'en fit aimer par les premiers vers qu'il lui lut. Pollion lui donna une lettre de recommandation pour Mécène, qui était à Rome. Mécène l'accueillit avec bienveillance, et le présenta à Octave, qui lui rendit son bien. Virgile revint avec son père à Mantoue, pour reprendre possession de leur patrimoine; mais le capitaine qui s'en était emparé ne parut rien moins que disposé à le leur rendre : il menaça même de les tuer l'un et l'autre. Aidé de ses soldats, il les poursuivit, et contraignit Virgile à passer le Mincio à la nage, pour éviter sa fureur. Ils retournèrent à Rome se plaindre du centurion, et furent rétablis dans leur maison et dans leurs biens. Virgile paya avec usure, en louanges, ce premier bienfait d'Auguste. Ces louanges, et le grand talent qu'il développa dans la suite, lui valurent de nouveaux bienfaits, qui le mirent dans une situation aussi heureuse qu'honorable.

Ce fut à l'âge de trente-quatre ans que notre poète commença ses *Géorgiques*; Mécène, qui voulait encourager l'agriculture, l'engagea à faire ce poème, qui lui coûta sept ans de travail. Il avait déjà publié ses *Bucoliques* ou *Églogues*; il commença ensuite son *Enéide*, qu'il n'a pu conduire à sa perfection, la mort l'ayant surpris comme il allait y mettre la dernière main : il y travailla néanmoins onze ans.

Il mourut à l'âge de cinquante-deux ans onze mois. Ce grand poète était si peu satisfait de son dernier ouvrage, qu'il ordonna de le brûler. Ses amis se gardèrent bien de lui obéir. Auguste chargea *Tucca* et *Varius*, bons poètes de ce temps, de revoir l'Énéide, d'en retrancher ce qu'ils jugeraient à propos, mais de ne rien y ajouter. On transporta à Naples le corps de Virgile, comme il l'avait desiré, et il fut inhumé près du chemin de Pouzzol.

Le mérite de Virgile fut apprécié dès qu'il se montra, ce qui est peu ordinaire dans l'histoire des lettres et des arts. Ayant inséré dans le sixième chant de son Énéide l'éloge de *Marcellus*, fils *d'Octavie*, sœur d'Auguste, qui venait de perdre la vie à vingt ans, la mère de ce jeune prince fut tellement touchée de ce passage, qu'elle fit donner au poète dix grands sesterces par chaque vers de cet éloge, ce qui produisit une somme équivalente à 32,500 livres. Virgile laissa à sa mort de grandes richesses, et fit ses héritiers Tucca, Varius, Mécène, et l'empereur lui-même. C'est presque le seul grand poète qui ait en même-temps joui de tant de bonheur, de réputation et de paix. Il n'eut pour ennemis que quelques envieux obscurs que tout le monde méprisait. Il faut dire aussi que personne ne chercha moins à exciter l'envie, si ce n'est par ses grands talens. Quoiqu'honoré et loué de tout le monde, il fut si modeste, qu'on ne put jamais lui reprocher d'orgueil, ni rappeler l'obscurité de sa naissance parmi les personnes du premier rang qui s'empressaient de le recevoir. Il eut pour amis tous les plus grands hommes de son temps. Quoique sensible à la gloire, il osait à peine en jouir et craignait de paraître en public. Il a passé une partie de sa vie dans la solitude des champs. La douceur de son caractère égalait celle de ses vers, et son plus grand plaisir était de se trouver dans la société des gens instruits et vertueux. Il connaissait sans doute son grand talent; car il donnait avec plaisir aux ouvrages des autres les louanges qu'ils méritaient. Ses vertus et son génie furent encore au-dessus de son bonheur.

OVIDE,

POÈTE LATIN,

Né l'an 43 avant notre ère.

Publius Ovidius Naso naquit à Sulmone, ville de l'Abbruzze citérieure, l'an 43 avant notre ère. Sa naissance était distinguée ; il était d'une famille de chevaliers. Ses talens pour la poésie s'annoncèrent de bonne heure. Ses parens ne négligèrent rien pour cultiver ses heureuses dispositions. A seize ans on l'envoya à Athènes, pour y étudier la langue grecque et les beautés des auteurs qui ont écrit dans cette langue. Bientôt son père s'appercevant de son penchant pour les vers, et craignant que ce ne fût un obstacle aux vues qu'il avait pour sa fortune, mit tout en œuvre pour l'en détourner ; il lui fit étudier l'éloquence oratoire, mais ce fut en vain ; le jeune poète faisait des vers, même dans ses discours, et dès qu'il fut libre dans ses volontés il s'abandonna tout entier à l'art séducteur qui le maîtrisait. Sa facilité et son heureuse imagination l'eurent bientôt fait distinguer parmi les beaux esprits de Rome. Auguste le reçut à sa cour, donna des louanges à ses ouvrages, l'honora de quelques distinctions, et l'éleva à la dignité de décemvir, dont un des priviléges était d'avoir une place marquée dans les jeux publics.

Ovide plaisait beaucoup aux femmes par son humeur galante, et à tout le monde par sa douceùr et les charmes de son esprit. Ces qualités aimables, jointes à son génie, lui firent couler une partie de sa vie aussi heureusement qu'un homme peut le desirer ; mais il eut le malheur de déplaire à l'empereur, et fut exilé à Tomes, ville de la Scythie européenne, sur le Pont-Euxin, vers l'embouchure du Danube. On ignore quelle fut la cause de cet exil : il l'attribue lui-même à ses vers et à une erreur qu'il ne désigne point. Son poëme de l'*Art d'aimer*, ouvrage très-dangereux pour la mauvaise morale et la licence qui y règnent, servit de prétexte à son exil : la véritable cause fut un secret qu'il n'osa révéler.

Cet exil dans un pays barbare et dont la langue lui était inconnue, lui donna beaucoup de chagrin ; il se plut lui-même à nous le peindre dans ses *Tristes*. Il avait alors cinquante ans. Dans l'espoir d'être rappelé à Rome, il loua Auguste jusqu'à s'avilir lui-même. Après la mort de cet heureux tyran, il lui éleva un autel où il brûlait de l'encens tous les jours ; il prodigua les louanges également à Tibère, successeur d'Auguste, qui ne fut pas moins insensible.

Enfin, après dix ans d'exil et de regrets, ce poète infortuné mourut. Ses cendres furent portées à Rome, et mises dans un tombeau sur lequel on grava une épitaphe qu'il avait composée lui-même.

Son principal ouvrage est les *Métamorphoses*. La meilleure traduction en prose est celle de *Banier*. *Desaintange* en a fait une excellente en vers. Il serait difficile de rendre plus fidèlement les pensées et la manière d'Ovide.

TITE-LIVE,

CÉLÈBRE HISTORIEN LATIN,

sous Octave-Auguste.

Tite-Live est du nombre des écrivains dont les ouvrages sont très-célèbres et la vie tout-à-fait inconnue; ce qui suppose au moins que ce fut un homme sans ambition, probablement sans vanité, et qui passa sa vie dans le silence de l'étude. Il fut cependant très-bien accueilli à la cour d'Auguste; mais il passa plus de temps à Naples qu'à Rome. On croit qu'il était de Padoue; d'autres disent d'Apone: il est certain qu'il mourut dans la première ville, l'an 17 de notre ère, le jour même que mourut Ovide dans son exil. Il eut un fils auquel il écrivit une lettre sur l'éducation et les études de la jeunesse, dont Quintilien, bon juge en ces matières, fait une mention honorable. Cette lettre n'est point venue jusqu'à nous. Il avait aussi composé des *Dialogues* et des *Traités* de philosophie qui sont également perdus. Son plus grand ouvrage, celui qui a établi sa réputation, est une *Histoire romaine* qui commence à la fondation de Rome, et se termine à la mort de Drusus en Allemagne. On rapporte qu'un Espagnol, après la lecture de cette histoire, vint exprès de son pays à Rome pour en voir l'auteur, et qu'après s'être entretenu avec lui, il s'en retourna sans faire attention aux beautés de cette capitale. Cet ouvrage renfermait cent quarante livres, dont il ne nous reste que trente-cinq; encore ne sont-ils pas de suite. La manière dont il est écrit a fait placer son auteur au rang des plus grands écrivains latins.

SÉNÈQUE,

PHILOSOPHE STOÏCIEN,

Né l'an 6 avant notre ère.

La vertu de Sénèque est encore aujourd'hui un problême, et il est à croire que ce problême ne sera jamais résolu. Ce philosophe naquit à Cordoue, en Espagne, l'an 6 avant notre ère. Son père, qui était assez bon orateur, le forma à l'éloquence, et lui donna probablement les défauts qui, dans la suite, déparèrent son style. *Photin* et *Socion* d'Alexandrie, célèbres stoïciens, furent ses maîtres de philosophie, et lui inspirèrent ces sentimens exaltés de l'école de Zénon, qui sont plus souvent dans la tête que dans le cœur. Après avoir pratiqué pendant quelque temps les abstinences de la secte pythagoricienne, c'est-à-dire, s'être privé dans ses repas de tout ce qui a vie, Sénèque se livra au barreau, et y eût acquis de la réputation s'il n'eût craint d'exciter la jalousie de *Caligula*, qui aspirait aussi à la gloire de l'éloquence. Il quitta prudemment cette carrière, et brigua les charges publiques ; il obtint celle de questeur. On croyait qu'il monterait plus haut, lorsqu'on lui imputa un commerce illicite avec *Julie-Liville*, veuve de *Vicinius*, l'un de ses bienfaiteurs. Cette accusation, qui pouvait être injuste, ayant été accréditée par ses ennemis, il fut relégué dans l'île de Corse. C'est-là qu'il écrivit ses *livres de la Consolation*, qu'il adressa à *Helvia* sa mère, femme en qui l'esprit ornait les vertus. Tout le faste du stoïcisme est étalé dans cet ouvrage. On pourrait penser, dit *Crévier*, qu'il en dit trop pour être cru ; mais au moins est-il certain que s'il eût été abattu par son infortune, il n'aurait pas eu la liberté d'esprit nécessaire pour composer un écrit fortement pensé, et d'une assez juste étendue.

« Cependant, ajoute Crévier, la longueur de son exil l'ennuya, et sa fierté stoïque se démentit vers la troisième année de son séjour dans l'île de Corse. Nous avons de lui une pièce qui ne fait guère d'honneur à sa philosophie. *Polybe*, affranchi de *Claude*, et son homme de lettres, avait perdu un frère. Sénèque composa à ce sujet un discours dans lequel il flatte bassement ce misérable valet, dont l'insolence allait souvent jusqu'à se promener publiquement entre les deux consuls. On s'étonnera moins qu'il comble de magnifiques éloges l'imbécille empereur, pour qui cependant il n'avait que du mépris; mais ce qui est le plus inexcusable, c'est qu'il demande son rappel, à quelle condition que ce puisse être, consentant de laisser un nuage sur son innocence, pourvu qu'on le délivre de l'exil. Après s'être loué de la clémence de Claude, *qui*, dit-il, *ne m'a pas renversé, mais au contraire soutenu par sa main bienfaisante et divine, contre le choc de la fortune; qui a prié pour moi le sénat, et ne s'est pas contenté de me donner ma grace, mais a voulu me la demander*, il ajoute : *C'est à lui de décider quelle idée il veut que l'on prenne de ma cause. Ou la justice la reconnaîtra bonne, ou par sa clé-*

mence il la rendra favorable. Ce sera pour moi un égal bienfait, soit qu'il me trouve innocent, soit qu'il me traite comme tel; et, en finissant, il témoigne adorer la foudre dont il a été justement frappé. C'était descendre bien bas; et cet écrit si lâche est vraisemblablement celui dont *Dion* assure que l'auteur eut tant de honte dans la suite, qu'il tâcha de le supprimer. Pour comble de malheur, toute cette lâcheté fut inutile. »

« Il resta encore cinq ans dans son exil, et sans la révolution arrivée à la cour par la chute de *Messaline*, il courait risque d'y passer toute sa vie; mais lorsqu'*Agrippine* eut épousé l'empereur Claude, elle rappela Sénèque pour lui donner la conduite de son fils *Néron*, qu'elle voulait élever à l'empire. Tant que ce jeune prince suivit les instructions et les conseils de son précepteur, il fut l'amour de Rome; mais *Poppée* et *Tigellin* s'étant rendus maîtres de son esprit, Néron devint la honte du genre humain. La vertu de Sénèque lui parut une censure continuelle de ses vices; il ordonna donc à l'un de ses affranchis, nommé

Cléonice, de l'empoisonner. Ce malheureux n'ayant pu exécuter son crime à cause de la défiance de Sénèque, qui ne vivait que de fruits et ne buvait que de l'eau, Néron enveloppa le philosophe dans la conjuration de *Pison*. Sénèque était soupçonné, et n'était pourtant pas convaincu d'y avoir eu part. Il n'avait été nommé que par *Natalis*, l'un des principaux conjurés, qui même le chargeait très-peu. Il disait qu'il avait été envoyé par Pison à Sénèque, pour lui faire des reproches sur ce qu'ils ne se voyaient point, et que Sénèque avait répondu qu'il ne convenait aux intérêts ni de l'un ni de l'autre qu'ils entretinssent commerce ensemble, mais que sa sûreté dépendait de la vie de Pison. *Granius Silvanus*, tribun d'une cohorte prétorienne, fut chargé de faire informer Sénèque de cette déposition de Natalis, et de lui demander s'il reconnaissait qu'elle contînt la vérité. Sénèque, soit par hasard, soit à dessein, était revenu ce jour-là même de la Campanie, et s'était arrêté dans une maison de plaisance qu'il avait à quatre lieues de Rome. Le tribun y arriva sur le soir,

soir, et posta ses gardes tout autour de la maison. Il trouva Sénèque à table avec sa femme *Pauline* et ses amis, et lui exposa les ordres de l'empereur. Sénèque répondit que le message de Natalis était vrai, mais que pour lui il s'était excusé uniquement sur sa mauvaise santé et sur son amour pour la tranquillité et le repos ; qu'il n'avait point de raison de faire dépendre sa sûreté de la vie d'un particulier, et que d'ailleurs son caractère ne le portait pas à la flatterie ; que personne ne le savait mieux que Néron, qui avait éprouvé de sa part plus de traits de liberté que de servitude. »

« Le tribun revint avec cette réponse, qu'il rendit à Néron en présence de Poppée et de Tigellin, conseil intime du prince lorsqu'il était dans ses fureurs. Néron demanda à Granius si Sénèque faisait les apprêts de sa mort. Il n'a donné aucun signe de frayeur, répondit l'officier ; je n'ai rien vu de triste ni dans ses paroles, ni sur son visage. Retournez donc, dit l'empereur, et signifiez-lui l'ordre de mourir.

» Le philosophe se voyant condamné à perdre la vie, parut recevoir avec joie l'arrêt de sa mort, dont l'exécution fut à son choix. Il demanda le pouvoir de disposer des biens immenses qu'il avait amassés en prêchant le mépris des richesses; mais on le lui refusa. Alors il dit à ses amis *que, puisqu'il n'était pas en sa puissance de leur faire part de ce qu'il croyait posséder, il laissait au moins sa vie pour modèle, et qu'en l'imitant exactement ils acquerraient parmi les gens de bien une gloire immortelle.* Comme il les voyait verser des larmes, il tâcha de les rappeler aux sentimens de fermeté, soit par des représentations douces, soit même par des reproches. *Où sont*, leur disait-il, *les maximes de sagesse que vous avez étudiées? Quand donc ferez-vous usage des réflexions par lesquelles vous avez travaillé à vous munir contre les coups du sort? Ignorez-vous la cruauté de Néron? Après avoir tué sa mère et son frère, il ne lui restait plus que d'ajouter la mort violente de celui qui a instruit et élevé son enfance.* Pauline, son épouse chérie, répandait des larmes ; Sénèque tâchait de calmer sa douleur. *Ne passez pas vos jours*, lui dit-il, *dans une affliction éternelle : occupez-vous sans cesse de la vie vertueuse que j'ai toujours menée ; c'est une consolation bien digne d'une belle ame, et qui doit adoucir en vous le regret de la perte d'un époux.* »

« Pauline répondit qu'elle était résolue de mourir avec lui ; et elle demanda à l'officier qui était présent, de l'aider à exécuter ce dessein. Sénèque regardait la mort volontaire comme un sacrifice héroïque ; d'ailleurs il craignait de laisser une personne si chère, exposée après lui à mille traitemens rigoureux. Il consentit donc au desir de Pauline. *Je vous avais montré*, lui dit-il, *ce qui pouvait adoucir pour vous les amertumes de la vie : vous préférez la gloire de la mort ; je ne vous envierai pas l'honneur d'un si bel exemple. Nous mourrons peut-être avec la même constance ; mais la gloire est plus pleine et plus pure de votre côté.* Ainsi ils se firent en même temps ouvrir les veines des bras ; mais Néron qui aimait Pauline, ordonna qu'on lui conservât la vie. Elle vécut encore quelques années, portant sur son visage les marques glorieuses de l'amour conjugal. Les abstinences continuelles de Sénèque l'avaient si fort exténué, qu'il ne coula point de sang de ses veines ouvertes. Il eut recours à un bain chaud, dont la fumée, mêlée à celle de quelques liqueurs, l'étouffa. Il parla beaucoup et très-sensément en attendant la mort, et ce qu'il dit fut recueilli par ses secrétaires, et publié depuis par ses amis. Cette triste scène se passa l'an *65*, et la deuxième du règne de Néron. » *(Dict. historique)*.

Plusieurs écrivains ont douté de la vertu de Sénèque, et non sans fondement. Ce philosophe exalta à tel point les vertus stoïques, qu'on ne peut plus y atteindre ; et c'est pour cette raison qu'on ne croit point à la sincérité de sa philosophie. Personne n'a mieux que lui parlé de la pauvreté, de la médiocrité : *Peu suffit à la nature*, dit-il, *et rien à l'opinion.* On le croirait le plus modéré des hommes, et cependant il tâchait d'accroître encore sa fortune déjà immense. Il tint dans son palais le langage d'un Diogène errant dans les rues. Il parla de la mort en homme qui ne la craignait pas ; mais en ce point sa conduite fut d'accord avec ses principes, ce qui fait supposer que, si la fortune l'eût amené à la pauvreté, il aurait supporté son sort avec la même constance qu'il exécuta l'ordre de Néron.

Le grand crime qu'on lui reproche, c'est d'avoir écrit la lettre par laquelle Néron tâchait de se justifier devant le sénat du meurtre de sa mère : c'est effectivement une lâcheté impardonnable ; mais cette haîne que Néron avait conçue contre Sénèque à cause de sa vertu, ne semble-t-elle pas insinuer que le philosophe avait dans l'intimité fait quelques reproches à son ancien élève? et c'était déjà beaucoup à l'égard d'un empereur du caractère de Néron. Que Sénèque ait ensuite aidé ce prince dans sa justification, c'est, je pense, ce qu'il pouvait faire de plus sage. L'important était de le disculper autant que possible aux yeux du public, et de le mettre lui-même plus à son aise devant les hommes, afin de le ramener plus facilement au repentir et à la vertu, si la chose était possible. Sénèque se trompa; mais j'aime à croire qu'il ne fut pas aussi coupable qu'il le paraît. *Tacite*, qui ménage si peu les mauvais princes, n'eût pas sans doute pris plaisir à manquer à ses principes pour Sénèque seul : il lui donne un beau caractère, et le regarde comme un véritable philosophe, digne d'un meilleur sort. Le témoignage de Tacite doit sans doute l'emporter sur celui de gens moins instruits ou moins impartiaux. Quant à moi, si j'ose donner ici mon opinion, ce qui me semble justifier Sénèque des fautes réelles ou controuvées de sa vie, c'est sa mort héroïque; celle de Socrate seul lui est comparable. Tant de constance et de sagesse, dans un semblable moment, ne sont point le partage des gens qui ont à rougir devant leurs contemporains et devant eux-mêmes. Une preuve plus forte encore de son innocence, est l'amour que lui témoigna Pauline : l'eût-elle aimé à ce point s'il eût été méchant et hypocrite?

Les gens de ce caractère ne peuvent compter ni sur l'amitié ni sur l'amour; et Sénèque eut des amis sincères, et une épouse qui voulut quitter la vie avec lui : voilà sa plus belle défense.

PLINE,

CÉLÈBRE NATURALISTE LATIN,

Né l'an 23 de notre ère.

PLINE, que l'on a surnommé l'*ancien*, ou le *naturaliste*, pour le distinguer de l'autre *Pline*, son neveu, naquit à Vérone, l'an 23 de notre ère. Il porta les armes avec distinction, fut agrégé au collége des augures, et devint intendant en Espagne. Son intelligence et sa probité lui firent confier diverses affaires importantes par *Vespasien* et *Titus*, qui l'honorèrent de leur estime et de leur amitié.

Malgré le temps que lui dérobaient ses emplois, il en trouva suffisamment pour travailler à un grand nombre d'ouvrages, qui la plupart ont été perdus pour la postérité. Il consacrait le jour aux affaires, et la nuit à l'étude; il ne perdait pas même le temps des repas : on lui lisait alors de bons livres, dont il dictait sur-le-champ des extraits. Un jour, un lecteur ayant mal prononcé quelques mots, un de ceux qui étaient à table l'obligea de recommencer. *Quoi! ne l'avez-vous pas entendu?* dit Pline. *Pardonnez-moi*, répondit son ami. *Et pourquoi donc*, reprit-il, *le faire répéter? Voilà une interruption qui nous coûte plus de dix lignes*. Lorsqu'il sortait du bain et qu'il se faisait essuyer, il écoutait une lecture ou dictait. C'était-là, dans ses voyages, sa seule occupation; alors, comme s'il eût été dégagé de tous les autres soins, il avait toujours à ses côtés son livre, ses tablettes et son copiste. C'était par cette raison qu'à Rome il n'allait qu'en voiture. Il reprit un jour son neveu de s'être promené. *Vous pouviez*, lui dit-il, *mettre ces heures à profit*. Il avait formé jusqu'à cent soixante volumes de remarques sur les auteurs qu'il avait lus. La grande estime qu'on avait alors pour son érudition, porta un certain *Lartius Lucinius* à offrir de ces remarques une somme équivalente à 77812 francs. Pline, qui était riche, et qui préférait la science à la fortune, n'accepta pas le marché, et dit à l'enchérisseur que ses connaissances n'étaient point à vendre.

Il ne nous reste de Pline que son *Histoire naturelle*, en trente-sept livres, dont nous avons une bonne traduction par *Poinsinet de Sivri*. Cet ouvrage fait sa gloire. Voici le jugement qu'en porte un homme capable de le juger sous le double rapport d'écrivain et de naturaliste, l'illustre *Buffon*, qu'on a surnommé le Pline de son siècle, quoique sous tous les rapports il ait laissé Pline bien loin derrière lui. « Pline, dit-il après avoir parlé d'*Aristote*, Pline a travaillé sur un plan bien plus grand, et peut-être trop vaste : il a voulu tout embrasser, et il semble avoir mesuré la nature et l'avoir trouvée trop petite encore pour l'étendue de son esprit. Son *Histoire naturelle* comprend, indépendamment de l'histoire des animaux, des plantes et des minéraux, l'histoire du ciel et de la terre, la médecine, le commerce, la navigation, l'histoire des arts libéraux et mécaniques, l'origine des usages, enfin toutes les sciences naturelles et tous les arts humains. Ce qu'il y a d'étonnant, c'est que dans chaque partie Pline est également grand. L'élévation des idées, la noblesse du style, relèvent encore sa profonde érudition. Non-seulement il savait tout ce qu'on pouvait savoir de son temps, mais il avait cette facilité de penser en grand qui multiplie la science. Il avait cette finesse de réflexion de laquelle dépendent l'élégance et le goût, et il communique à ses lecteurs une certaine liberté d'esprit, une hardiesse de penser qui est le germe de la philosophie. Son ouvrage, tout aussi varié que la nature, la peint toujours en beau. C'est, si l'on veut, une compilation de tout ce qui avait été écrit avant lui, une copie de tout ce qui avait été fait d'excellent et d'utile à savoir; mais cette copie a de si grands traits, cette compilation contient des choses rassemblées d'une manière si neuve, qu'elle est préférable à la plupart des ouvrages originaux qui traitent des mêmes matières. »

Ce grand homme fut *martyr de la nature*, pour nous servir d'une expression que quelques écrivains ont imaginée afin d'exprimer la cause de sa mort, qui vint d'un trop vif desir de s'instruire des secrets de la nature : il voulut voir de trop près l'embrasement du mont Vésuve, arrivé l'an 79, et y fut suffoqué par les flammes, à l'âge de 56 ans. Son neveu, *Pline le jeune*, raconte cet événement funeste dans une lettre qu'il adresse à Tacite, et qui nous paraît si intéressante que nous ne pouvons nous empêcher de la placer ici.

« Vous me demandez, écrit-il, des détails
» sur la mort de mon oncle, afin de pouvoir,
» dites-vous, la transmettre toute entière
» à l'avenir : je vous rends grace de votre
» intention. Sans doute le souvenir éternel
» d'un fléau par lequel mon oncle a péri
» avec des peuples, promettait à son nom
» l'immortalité ; sans doute ses ouvrages
» aussi l'en flattaient, mais une ligne de
» Tacite la lui assure. Heureux celui à qui

» les dieux ont accordé de faire des choses » dignes d'être décrites, ou d'en écrire de » dignes d'être lues ! plus heureux celui » qui en obtient à-la-fois ces deux faveurs ! » Tel a été le sort de mon oncle : j'obéis » donc avec empressement à vos ordres, » que j'aurais sollicités.

» Mon oncle était à Misène, où il com- » mandait la flotte.

» Le 23 d'août, une heure environ après » midi, comme il était sur son lit, occupé » à étudier, après avoir, suivant sa cou- » tume, dormi un moment au soleil, et » bu de l'eau froide, ma mère monte à sa » chambre ; elle lui annonce qu'il s'élève » dans le ciel un nuage d'une grandeur et » d'une figure extraordinaires. Mon oncle » se lève ; il examine le prodige, mais sans » pouvoir reconnaître, à cause de la dis- » tance, que ce nuage montait du Vésuve. » Il ressemblait à un grand pin ; il en avait » la cime, il en avait les branches. Sans » doute un vent souterrain le poussait avec » impétuosité, et le soutenait dans les airs. » Il paraissait tantôt blanc, tantôt noir, » tantôt de diverses couleurs, suivant qu'il

» était plus ou moins chargé ou de cailloux » ou de cendres.

» Mon oncle fut étonné ; il crut ce phé- » nomène digne d'être examiné de près. » Vîte une galère ! dit-il ; et il m'invite à le » suivre. J'aimai mieux rester pour étu- » dier. Mon oncle sort donc seul, et, ses » tablettes à la main, il s'embarque.

» Cependant je continuai à étudier. Je » prends le bain, je me couche, mais je » ne pouvais dormir. Le tremblement de » terre qui depuis plusieurs jours agitait » aux environs tous les bourgs et les villes » mêmes, augmentait à tout moment. Je » me lève pour aller éveiller ma mère ; ma » mère entre soudain dans ma chambre » pour m'éveiller.

» Nous descendîmes dans la cour ; nous » nous assîmes. Pour ne pas perdre mon » temps, je me fis apporter Tite-Live. Je » lis, je médite, j'extrais, comme j'aurais » fait dans ma chambre. Était-ce fermeté ? » était-ce imprudence ? je l'ignore : j'étais » si jeune ! Dans le moment arrive un ami » de mon oncle, parti nouvellement d'Es- » pagne pour le voir. Il reproche à ma

» mère sa sécurité, à moi mon audace. Je » ne levai seulement pas les yeux de dessus » mon livre. Cependant les maisons chan- » celaient à un tel point, que nous réso- » lûmes de quitter Misène. Le peuple » épouvanté nous suivit; car la frayeur » imite quelquefois la prudence.

» Sortis de la ville, nous nous arrêtons. » Nouveaux prodiges! nouvelles terreurs! » Le rivage, qui s'élargissait sans cesse, » couvert de poissons demeurés à sec, » s'agitait à tout moment, et repoussait » fort loin la mer irritée, qui retombait » sur elle-même, tandis que devant nous » s'avance, des bornes de l'horizon, un » nuage noir, chargé de feux sombres, qui » incessamment le déchirent et jaillissent » en larges éclairs.

» L'ami de mon oncle revient alors à la » charge. Sauvez-vous, nous dit-il; c'est » la volonté de votre oncle s'il est vivant, » et son vœu s'il est mort.... Nous igno- » rons le sort de mon oncle, répondîmes- » nous, et nous nous inquiéterions du » nôtre! A ces mots l'Espagnol part.

» Dans l'instant la nue s'abat des

» cieux sur la mer, et l'enveloppe ; elle » nous dérobe l'île de Caprée et le promontoire de Misène. Sauve-toi, mon » cher fils ! s'écrie ma mère ; sauve-toi, tu » le dois et tu le peux, car tu es jeune ; » mais moi, chargée d'embonpoint et » d'années, pourvu que je ne sois pas cause » de ta mort, je meurs contente. — Ma » mère, point de salut pour moi qu'avec » vous ! Je prends ma mère par la main » et je l'entraîne. — O mon fils, disait-» elle en pleurant, je te retarde !

» Déjà la cendre commençait à tomber ; » je tourne la tête : une épaisse fumée, » qui inondait la terre comme un torrent, » se précipitait vers nous. — Ma mère, » quittons le grand chemin : la foule qui » accourt va nous étouffer dans les ténè-» bres. A peine avions-nous quitté le grand » chemin, il était nuit, la nuit la plus » noire ; alors ce ne furent plus que plain-» tes de femmes, que gémissemens d'en-» fans, que cris d'hommes. On entendait » à travers les sanglots, et avec les divers » accens de la douleur : *Mon père ! mon » fils ! ma femme !* on ne se reconnais-

» sait qu'à la voix. Celui-ci déplorait sa » destinée, celui-là le sort de ses pro- » ches ; les uns imploraient les dieux, les » autres cessaient d'y croire : plusieurs ap- » pelaient la mort même contre la mort. » On disait que l'on était maintenant en- » seveli avec le monde dans la dernière » des nuits, dans celle qui devait être éter- » nelle ; et au milieu de tout cela, que de » récits funestes ! que de terreurs imagi- » naires ! la frayeur outrait tout et croyait » tout.

» Cependant une lueur perce les ténè- » bres ; c'était l'incendie qui approchait : » mais il s'arrête, s'éteint ; la nuit redou- » ble, et avec la nuit la pluie de cendres » et de pierres. Nous étions obligés de nous » lever, de moment en moment, pour se- » couer nos habits. Le dirai-je ? au milieu » de cette scène d'horreur il ne m'é- » chappa pas une plainte. Je me consolais » de mourir dans cette pensée : *l'univers* » *meurt*.

» Enfin cette épaisse et noire vapeur » peu-à-peu se dissipe et s'évapore : le » jour ressuscite, même le soleil, mais

» terne et jaunâtre, tel qu'il se montre » ordinairement dans une éclipse. Quel » spectacle s'offrit alors à nos regards en- » core incertains et troublés ! toute la » terre était ensevelie sous la cendre, » comme elle l'est en hiver sous la neige ; » le chemin était perdu : on cherche Mi- » sène ; on le trouve, on y retourne, on » le reprend ; car on l'avait en quelque » sorte abandonné. Nous reçûmes bientôt » après des nouvelles de mon oncle. Hé- » las ! nous avions toute raison d'en être » inquiets.

» Je vous ai dit qu'après nous avoir » quittés à Misène, il était monté sur une » galère. Il dirigea sa route vers *Rétine* » et les autres bourgs menacés. Tout le » monde en fuyait ; il y entre. Au milieu » de la confusion générale, il observe at- » tentivement la nue. Il en suit tous les » phénomènes, et à mesure il dictait : » mais déjà une cendre épaisse et brû- » lante s'abattait sur sa galère ; déjà des » pierres tombaient à l'entour ; déjà le ri- » vage était comblé de quartiers entiers de » montagne : mon oncle hésite s'il retour-

» nera sur ses pas, ou s'il gagnera la pleine » mer. *La fortune seconde le courage!* » s'écrie-t-il; *tournez vers Pomponia-* » *nus.* Pomponianus était à Stabie : mon » oncle le trouve tout tremblant; il l'em- » brasse, l'encourage, et pour rassurer » son ami par sa sécurité, demande un » bain, se met ensuite à table, et soupe » gaîment, ou, du moins, ce qui ne prou- » verait pas moins de caractère, avec » toutes les apparences de la gaîté.

» Cependant le Vésuve s'enflammait » de toutes parts dans la profondeur des » ténèbres. *Ce sont des villages aban-* » *donnés qui brûlent*, disait mon oncle » à la foule, pour tâcher de la rassurer. » Ensuite il se couche; il s'endort. Il dor- » mait du sommeil le plus profond, lorsque » la cour de la maison commença à se » remplir de cendres : toutes les issues » s'obstruaient. On court à lui; il fallut » l'éveiller. Il se lève, il rejoint Pompo- » nianus, et délibère avec lui et sa suite » sur le parti qu'il faut prendre. Reste- » ront-ils dans la maison? fuiront-ils dans » la campagne? S'ils restent, comment

» échapper à la terre qui s'entrouvre? » et s'ils fuient, aux pierres qui tombent? On choisit le dernier parti, la » foule persuadée par la crainte, mon » oncle convaincu par la raison.

» On sort donc à l'instant de la ville, » et pour toute précaution on se couvre » la tête d'oreillers. Le jour commençait » par-tout ailleurs; mais là continuait la » nuit; nuit horrible! la nue en feu l'é» clairait. Mon oncle voulut s'approcher » du rivage, malgré la mer qui était en» core grosse; il descend, boit de l'eau, » fait étendre un drap et se couche. » Tout-à-coup des flammes ardentes, » précédées d'une odeur de soufre, bril» lent et font fuir au loin tout le monde. » Mon oncle, soutenu par deux esclaves, » se lève; mais soudain, suffoqué par la » vapeur, il tombe. — Et Pline est » mort! »

TITUS,

EMPEREUR ROMAIN,

Né l'an 40.

TITUS VESPASIANUS naquit de l'empereur *Vespasien*, l'an 40 de notre ère. Il fit ses premières armes sous son père, et se distingua par sa valeur. On lui fit donner une éducation convenable à une personne de son rang : il apprit les sciences, l'art militaire et celui du gouvernement. Il était aussi éloquent dans la langue grecque que dans la langue latine, et haranguait le public avec autant de grace que de savoir. Il ne crut pas devoir négliger les arts d'agrément : il était habile musicien, et jouait de plusieurs instrumens. Suétone rapporte qu'il écrivait très-bien, et contrefaisait, en se jouant, avec tant d'art, toutes sortes de signatures, qu'il disait quelquefois qu'il aurait pu être un grand faussaire s'il l'eût voulu. A ces talens divers il joignait cette bonne grace naturelle, et cette affabilité qui, aux yeux des autres, leur donnent un bien plus grand prix.

Sa jeunesse ne fit guère pressentir ce qu'il serait un jour : c'était alors un véritable débauché, passant une partie des nuits à table, et toujours entouré de femmes, d'histrions, de musiciens et d'esclaves destinés aux plus honteuses voluptés. Il se montrait même avide d'argent pour subvenir à ses coupables dépenses, et entrait pour sa part dans les sordides trafics qu'exerçait son père. La vengeance était aussi alors au nombre des vices de son caractère : il fit périr plusieurs personnes qui, à la vérité, avaient montré de mauvaises intentions à son égard. Ce n'était point encore ce Titus qui, par la suite, fut d'une commune voix appelé *l'amour et les délices du monde ;* on le nommait même, dit Suétone, en public et hautement, un second *Néron :* il avait excité contre lui une haîne qui paraissait juste ; enfin, ajoute le même auteur, aucun autre ne parvint à l'empire avec une aussi mauvaise réputation que lui, ni plus contre la volonté générale.

Mais cette opinion défavorable qu'il avait donnée de lui se changea depuis en un honneur d'autant plus grand, qu'il parut lui en avoir coûté davantage pour remplacer ses vices par les vertus les plus éminentes, et que personne ne s'attendait à un changement aussi glorieux. Ce fut après s'être signalé par la ruine de Jérusalem, qu'il obtint le trône impérial. Il avait été auparavant associé à l'empire par son père. La première preuve éclatante qu'il donna de son courage contre ses passions, fut sa séparation d'avec *Bérénice* qu'il aimait beaucoup. Il diminua aussi la longueur et la magnificence de ses repas, et ne retint près de lui que des honnêtes gens, ou des amis sévères et fidèles qui pussent le conseiller suivant l'honneur et la raison. Sa justice alors égala sa magnificence ; il ne voulut faire tort à qui que ce fût, il s'abstint du bien d'autrui plus que nul de ses prédécesseurs, et ne reçut ni les tailles accoutumées, ni celles qu'on lui offrait volontairement. Cependant il ne céda en rien aux empereurs qui l'avaient précédé, sous le rapport de la libéralité : après avoir dédié l'amphithéâtre et fait bâtir auprès des bains magnifiques, il proposa ensuite un prix d'escrime, et donna dans la vieille Naumachie un combat de gladiateurs ; il présenta aussi dans un même jour au peuple le spectacle de cinq mille bêtes de différens genres que l'on fit combattre ensemble. N'aimant pas qu'on lui demandât de nouveau ce qui avait déjà été donné, il confirma par un édit tous les dons que ses prédécesseurs avaient faits, la coutume étant, avant cette époque, que chaque empereur accordât à son avènement, s'il le jugeait à propos, tout ce qui avait été octroyé avant lui. Sa coutume était de renvoyer tous ceux qui l'approchaient avec un espoir quelconque. Un jour, ses amis lui ayant observé qu'il promettait avec trop de facilité, il répondit *que personne ne devait quitter le prince avec la tristesse sur le visage*. S'étant une fois, à la fin du jour, souvenu qu'il n'avait eu occasion d'obliger personne dans le courant de la journée, il dit ces paroles mémorables, et que l'on a si justement louées : *Mes amis, j'ai perdu ce jour*. Sa politesse égalait sa bienveillance. Le peuple n'était point pour lui une vaine multitude à laquelle il ne devait aucun égard : il était au contraire très-jaloux de mériter son amour, même par les petites choses. Ayant un jour proposé un prix pour le combat des gladiateurs, il dit publiquement *que le prix et les jeux seraient à la volonté des spectateurs, et non à la sienne*.

Plusieurs fléaux se firent sentir sous son règne, entr'autres l'éruption du mont Vésuve, un incendie qui brûla une partie de Rome pendant trois jours, et une peste des plus terribles. Pendant ces calamités, Titus ne montra pas seulement les soins d'un véritable prince, mais encore l'affection et la tendresse d'un père, en consolant le peuple par des édits, et le soulageant par tous les moyens qui étaient en son pouvoir. Il choisit plusieurs personnages consulaires auxquels il donna la charge de faire réparer les dégâts occasionnés par l'éruption du Vésuve ; il appliqua à la dé-

pense

pense nécessaire à cet objet les biens des personnes mortes sans héritiers, qui appartenaient de droit au trésor impérial. Ayant attesté publiquement que rien de ce qui lui appartenait n'avait souffert dans l'embrasement de Rome, il fit aussitôt ôter de ses maisons de plaisance tous leurs ornemens, pour être employés à la réparation des temples et des édifices publics : ses soins ne furent pas moins actifs pendant la peste qui survint après.

Parmi les malheurs de ces temps, il faut ranger certains accusateurs qui, encouragés par l'impunité, ne faisaient d'autre état que de porter des accusations et de suborner des témoins. Titus, qui abhorrait toute injustice, les fit prendre, fustiger publiquement et vendre comme esclaves, ou les envoya en exil dans les îles les plus sauvages. Il était cependant d'une clémence extrême, même envers ceux qui avaient voulu attenter à ses jours, et il avait coutume d'affirmer qu'*il aimerait mieux périr que punir*. Deux patriciens ayant été convaincus d'avoir porté leurs vues jusqu'à l'empire, il se contenta de les avertir d'abandonner leur dessein, et leur promit qu'ils n'en trouveraient pas moins en lui un prince prêt à les obliger; il eut même l'attention d'envoyer un courrier à la mère de l'un de ces deux personnages, qui était fort loin et très-affligée, pour lui dire qu'elle n'eût rien à craindre pour son fils. Le soir, il les fit manger avec lui, et le lendemain il les fit asseoir à ses côtés au spectacle. Etant également averti que *Domitien*, son frère, cherchait sans cesse l'occasion de le trahir, et même qu'après avoir tenté de faire soulever les armées, il cherchait à s'enfuir, il ne voulut jamais se défaire par la mort d'un ennemi aussi dangereux, ni l'envoyer en exil; il lui marqua toujours la même amitié, et fut jusqu'à le prier secrètement, et en répandant des larmes, d'avoir pour lui les sentimens d'un frère, et de répondre à la tendresse qu'il lui portait.

Une pareille générosité ne devait rien produire sur un cœur aussi dur que celui de Domitien. Titus étant tombé malade, ce monstre, dévoré du desir de régner, fit mettre dans une cuve pleine de neige ce

T. II. Pag. 255.

prince excellent, sous prétexte de le rafraîchir, mais dans le fait pour hâter sa mort. Ainsi Rome perdit celui qui s'occupait réellement de son bonheur, pour le voir remplacé par un prince qui rappela les règnes de Néron et de Caligula. Titus ne vécut que jusqu'à sa quarante-deuxième année, et ne régna qu'un peu plus de deux ans; mais c'en fut assez pour qu'il se couvrît d'une gloire éternelle, et d'autant plus belle qu'elle vient de la vertu seule.

TRAJAN,

EMPEREUR ROMAIN,

Né le 18 septembre l'an 52.

Ulpius Trajanus Crinitus naquit à Italica, près de Séville en Espagne. Son père fut le premier qui donna quelque lustre à sa famille, et qui, sous Vespasien, obtint le triomphe, et devint sénateur. Trajan marcha sur ses traces, et fut adopté par *Nerva*, qui, parvenu à l'empire dans une trop grande vieillesse, le choisit parmi les gens du premier mérite, pour faire respecter et appuyer son autorité. Lorsque Nerva mourut, Trajan était à Cologne; les armées de la Germanie et de la Mœsie le reconnurent unanimement pour empereur (l'an 98). Il marcha vers Rome, et fit son entrée dans cette ville à pied et sans faste, afin d'apprendre au peuple que son intention n'était pas de se distinguer par une vaine pompe, mais par la grandeur de ses actions et par ses vertus personnelles. Il avait alors quarante-six ans.

Après avoir employé les quatre premières années de son règne à mettre ordre aux affaires de l'empire, il tourna ses armes contre *Décébale*, roi des Daces, qui fut vaincu après une bataille long-temps disputée. Elle fut si meurtrière, que dans l'armée romaine on manqua de linge pour bander les plaies des blessés. Les Daces furent obligés de se soumettre, et leur roi se tua de désespoir. Trajan entra ensuite dans l'Arménie, et s'avança vers l'Orient pour faire la guerre aux Parthes. Il soumit sans beaucoup de peine la Diabène, l'Assyrie, et le lieu nommé Arbelles, si célèbre par les victoires qu'Alexandre y avait autrefois remportées sur les Perses. Les Parthes furent aussi vaincus et soumis à leur tour. Trajan soumit encore les contrées des environs, et voulait porter ses armes jusque dans l'intérieur des Indes. Atra, ville située sur le Tigre, le retint sans qu'il pût l'emporter ; il fut blessé sur la brêche, dans l'assaut qu'il lui donna, et les chaleurs ainsi que la rareté de l'eau l'obligèrent à lever le siége.

Dans ces entrefaites, les juifs de la Cyrénaïque attirèrent l'attention et la vengeance de l'empereur, par les cruautés horribles qu'ils exerçaient envers les Romains et les Grecs. Ces misérables qui, dans tous les temps, ne se distinguèrent volontiers que par des bassesses ou des abominations, se crurent assez forts pour se venger de leurs vainqueurs. On rapporte qu'ils en firent périr plus de deux cent mille ; ils poussèrent la rage jusqu'à dévorer leur chair et leurs entrailles, à se teindre de leur sang, et à se couvrir de leurs peaux. Les juifs d'Egypte, en proie à la même fureur, commirent des atrocités qui ne leur cédèrent en rien. Ces crimes furent punis avec une sévérité égale à ce qu'ils avaient d'horrible : on ne souffrit plus de juifs sur ces côtes, et on y égorgeait même ceux que la tempête y jetait. Enfin, Trajan, usé par les fatigues, mourut quelque temps après à Sélinonte, appelée depuis *Trajanapolis*, vers le commencement du mois d'août, l'an 117.

Ce fut un prince bienfaisant, actif, pénétré de l'obligation où il était de rendre ses peuples heureux, et qui, par ses vertus, mérita le titre de *père de la patrie*. Le seul reproche qu'on peut lui faire, est d'avoir trop recherché la gloire qui vient de la guerre ; il aima aussi le vin et les femmes, mais on remarque que ces deux vices ne le firent jamais manquer aux règles de la justice. Il ne pouvait approuver ni souffrir aucune exaction. Il disait *que le fisc royal ressemblait à la rate qui, à mesure qu'elle enfle, fait sécher les autres parties du corps.* Le métier de délateur, alors si commun et si lucratif, fut non-seulement déclaré infâme sous son règne, mais il fut encore défendu sous les peines les plus rigoureuses. Son plus grand plaisir fut de faire bâtir. Rome, l'Italie et les principales villes de l'empire reçurent des embellissemens considérables par tous les édifices publics qu'il y fit élever. Il fonda des villes, et accorda des priviléges à celles qu'il en jugea dignes. Le grand cirque renouvelé par lui, devint plus beau et plus vaste, et l'on y mit pour inscription, *afin qu'il soit plus digne du Peuple romain.* Ce fut sous lui qu'on bâtit à Rome, l'an 114, cette fameuse place au milieu de laquelle on mit la *colonne Trajane.* Pour la former, on abattit une montagne de 144 pieds de haut, dont on fit une plaine unie. La colonne Trajane marque par sa hauteur celle qu'avait cette montagne. Rome avait extrêmement souffert par les incendies : il fallait rebâtir les édifices détruits ; mais, afin que ces réparations fussent moins à charge au public, il ordonna qu'aucun particulier ne pourrait donner plus de soixante pieds de hauteur à chaque maison.

Le caractère de ce prince était tout-à-fait populaire : comme il était persuadé que tous les sujets de l'empire avaient des droits à ses soins, il les recevait tous avec une égale bonté. Il allait au-devant de ceux qui le venaient saluer, et les embrassait, au lieu que ses prédécesseurs ne se levaient pas de leur siége. Ses amis lui reprochant un jour qu'il était trop bon et trop civil, il leur répondit : *Je veux faire ce que je voudrais qu'un empereur fît à mon égard, si j'étais particulier*. Il fit mettre sur le frontispice du palais impérial, PALAIS PUBLIC, parce qu'il voulait que tous les citoyens le regardassent comme une demeure qui leur était commune. Son but était de se faire aimer de ses sujets, et il y réussit. Il mettait en général dans ses actions et dans ses paroles tant de modestie, qu'on ne lui porta point envie. Un jour que Plutarque le louait de cette vertu : *Mon ami*, lui répondit-il, *j'ai toujours eu l'intention d'entreprendre des choses si grandes, que j'ai incité chacun à me porter envie, sans que jamais personne m'en ait porté*. Quoique les grandes affaires causent à l'esprit du trouble et de l'ennui, et que Trajan eût souvent occasion d'avoir du chagrin ou de la mauvaise humeur, cependant il y avait en lui une telle constance, qu'il montrait presque toujours le même visage. Lorsqu'il sortait, il ne voulait pas que l'on allât devant lui pour faire retirer la foule; il n'était pas fâché d'être quelquefois arrêté par la multitude de ceux qui voulaient le voir. S'il montrait autant de bienveillance à chacun, on doit penser qu'il n'avait garde de négliger ses amis; il leur rendait visite, les faisait monter dans son char et montait dans les leurs. Il allait manger chez eux, assistait même aux assemblées où ils ne traitaient que de leurs affaires domestiques. Comme il les aimait sincèrement, il avait en eux la plus grande confiance; il en donna entre autres une preuve qui montre en même temps toute la noblesse de son ame. Quelques courtisans, jaloux du crédit de *Sura*, l'accusèrent de tramer des desseins contre sa vie. Il arriva que Sura, ce jour-là, invita l'empereur à souper chez lui; Trajan y alla, et renvoya ses gardes. Il demanda aussitôt le chirurgien et le barbier de Sura, et il se fit exprès couper les sourcils par l'un et la barbe par l'autre. Il descendit aux bains, puis se plaça tranquillement à table au milieu de Sura et des autres convives. Cette conduite, digne du cœur le plus généreux, rappelle celle d'Alexandre recevant sans crainte la coupe des mains du médecin Philippe, contre lequel on avait voulu élever des soupçons. Trajan croyait aussi à la vertu, et par un seul trait de confiance il honora l'amitié et confondit la calomnie.

Comme tous les princes bons et éclairés, il aima et protégea les lettres et les arts : *Plutarque* et *Pline* le jeune furent ses intimes amis, et il les chérit autant pour leurs vertus que pour leurs talens. Il se plaisait à élever les savans, et à leur donner des emplois conformes à leurs connaissances. Il se serait fait conscience, dit un vieil historien, d'en laisser aucun dans la pauvreté. Il se livrait cependant très-peu à l'étude; mais il en connaissait l'utilité. *Mon cher ami*, disait-il à Plutarque qui tâchait de lui en inspirer le goût, *les dieux ne m'ont point fait pour feuilleter des livres, mais pour manier des armes.* En cela il n'avait pas tout-à-fait tort; le prince n'a pas besoin d'être artiste ou studieux, il lui suffit d'encourager ceux qui le sont.

PLUTARQUE,

CÉLÈBRE BIOGRAPHE GREC,

Né vers l'an 50.

PLUTARQUE naquit à Chéronée, petite ville de la Béotie; l'an 48 ou 50. Sa famille était une des plus considérables de sa patrie. Son père, qu'il se plaît à louer comme un véritable homme de bien et un excellent philosophe, le fit élever avec soin et instruire dans les sciences. Le jeune Plutarque méritait un tel père; il profita de ses soins et surpassa bientôt ses frères qui suivaient les mêmes instructions. Trop honnête homme pour n'être point reconnaissant, Plutarque a consacré la mémoire de son premier maître *Ammonius*, Egyptien de nation, qui enseignait à Alexandrie.

Les premières connaissances qu'il reçut ne lui firent desirer que plus vivement d'en acquérir de nouvelles. A l'âge d'environ dix-huit ans il voulut lui-même aller dans les lieux où il espérait de se perfectionner; il visita les villes de la Grèce où il savait que les lettres étaient en honneur, et s'arrêta plus long-temps à Athènes, où il reçut les dernières leçons de philosophie. De là il passa en Egypte, pour s'y instruire dans les mystères de la religion. Il revint ensuite à Sparte pour mieux étudier le caractère des habitans, prendre une idée plus précise de l'ancien gouvernement, y recueillir les lois et les préceptes moraux qui avaient donné tant de célébrité à un aussi petit peuple. Son active curiosité le portait à tout voir, tout examiner : monument, édifice, médaille, statue, tableau, inscriptions, épitaphes; il recueillait soigneusement tout ce qui pouvait lui être de quelque utilité; et ce fut dans cet ample magasin de sa jeunesse qu'il puisa abondamment, quand, sur ses vieux jours, il se mit à écrire ses *Vies des Hommes illustres* et ses *Traités de morale*.

De retour dans son pays, il y jouit de la plus haute considération, et il ne la dut qu'à ses talens et à ses vertus. Il était encore fort jeune lorsque sa patrie le députa, avec un autre citoyen, vers le proconsul, pour quelque affaire importante. Son collègue étant demeuré en chemin, il acheva seul le voyage, et fit tout ce que ses concitoyens attendaient de lui. A son retour, comme il se disposait à en rendre compte au public, son père lui parla ainsi: *Mon fils, dans le rapport que vous allez faire, gardez-vous bien de dire:* je suis allé, j'ai parlé, j'ai fait; *mais dites toujours:* nous sommes allés, nous avons parlé, nous avons fait, *en associant votre collègue à toutes vos actions, afin que la moitié du succès soit attribuée à celui que la patrie a honoré de la moitié de la commission, et que vous écartiez de vous l'envie qui suit presque toujours la gloire d'avoir réussi.* Ce trait donne une idée de la vertu du père de Plutarque.

Le jeune homme ayant acquis toutes les connaissances qui formaient un savant et un philosophe, vint à Rome, où il ouvrit une école de philosophie. Les auditeurs y accoururent en quantité, et ce fut autant d'amis que se fit Plutarque; car la sagesse de ses discours était si grande, et sa conduite répondait si bien à ce qu'il enseignait, qu'on ne pouvait l'entendre sans l'aimer, et qu'on ne voyait pas ses actions sans être convaincu qu'on ne pouvait placer mieux son amitié. Ce fut toute sa vie un homme d'une vertu inébranlable et d'une douceur ferme, qui annonçait un grand fonds d'humanité et de raison : *J'aimerais mieux*, écrit-il lui-même, *qu'on ignorât que Plutarque a existé, que de savoir qu'il sera regardé comme un homme plein de vices et de méchancetés*. L'étude qu'il avait faite des actions des héros de l'antiquité, ne fut point inutile à sa conduite; il se modela sur les plus vertueux, et quand il loua avec tant de plaisir tout ce qu'il y a de beau dans le cœur humain, c'est que son propre cœur lui fournissait de semblables sentimens. Ses mœurs étaient douces, mais sa résolution arrêtée et invariable ; il aimait la simplicité, était tempérant, et préférait une promenade avec ses amis et les gens instruits, à toutes les fêtes les plus somptueuses. Enfin, pour achever de le peindre, il suffit de dire qu'il devint l'ami de *Trajan*, et mérita sa confiance par sa franchise et sa probité. Cet empereur apprit auprès de lui à se vaincre et à être plus juste encore. C'était un grand bienfait, et Trajan avait une ame faite pour en apprécier la valeur : il éleva Plutarque jusqu'à la dignité consulaire, et ordonna que tous les magistrats de l'Illyrie ne fissent rien que d'après son consentement.

A la mort de cet empereur, Plutarque quitta Rome et retourna à Chéronée : *Je suis né dans une petite ville*, disait-il, *et pour l'empêcher de devenir encore plus petite, j'aime à l'habiter.* Ses concitoyens, dont il était singulièrement estimé, ne le possédèrent pas plutôt, qu'ils l'élevèrent aux premiers emplois de la ville. Plutarque les accepta, et fit tout le bien qui fut en son pouvoir. Il devint aussi prêtre d'Apollon.

Il ne quitta point pour ces nouvelles occupations l'étude des lettres ; il s'y donna au contraire plus que jamais. Il reprit le dessein qu'il avait conçu depuis long-temps, d'écrire les Vies des hommes illustres grecs et romains, et de les comparer ensemble. Il composa aussi plusieurs traités de morale. Ce fut dans ces douces et louables occupations qu'il vit sa vieillesse s'écouler. Enfin, après avoir vécu un âge assez long, et avoir eu plusieurs enfans, il mourut regretté de tous ceux qui le connaissaient de réputation, et pleuré de ses concitoyens qui avaient été à même de voir ses vertus et d'éprouver sa bienfaisance.

Tous les devoirs de l'homme furent remplis par lui : après avoir été bon fils, il fut bon père, et rendit à ses enfans les soins et l'instruction qu'il avait reçus de l'auteur de ses jours. Il fut également bon époux et bon maître. On rapporte un trait de lui, qui peint très-bien son caractère calme, où les passions n'avaient presque point de prise. Un de ses esclaves, fort insolent, mérita d'être châtié, et le fut : cet esclave, qui avait quelque teinture de philosophie, s'avisa de faire des reproches à son maître, et de lui dire qu'il était honteux pour lui de se mettre en colère, après avoir écrit si fortement contre cette passion. *Quoi!* dit Plutarque, *parce que je te fais châtier, tu me crois en colère? ai-je donc les yeux ardens, la bouche écumante, la figure rouge et la voix menaçante? Tu vois que je n'ai aucun de ces signes de la colère. Je te fais châtier parce que tu as fait le mal, et que je suis juste.* Et en même temps, s'étant tourné vers celui qui châtiait l'esclave : *Ne laissez pas*, ajouta-t-il froidement, *pendant que nous conversons ensemble, d'exécuter mes ordres.* Il fallait que cet esclave l'eût grièvement offensé; car, dans toute autre occasion, son plus grand plaisir était de se montrer plutôt en père qu'en maître, et il ne dédaignait même pas d'instruire ceux que le sort avait placés sous sa puissance.

Lorsqu'il mourut, sa réputation était déjà si bien établie, que le peuple romain, par ordonnance solennelle du sénat, lui fit dresser une statue aux frais publics. il mérita cet honneur par le bien qu'il fit, et par celui qu'il voulut faire.

Plutarque paraît avoir écrit ses ouvrages plutôt pour le plaisir de dire son opinion, de louer la vertu et de flétrir le vice, que pour montrer son esprit. Il converse, en quelque sorte, avec son lecteur, et sa bonhomie est son plus grand mérite. La multitude et la variété de ses connaissances rendent ses ouvrages extrêmement intéressans. Il est souvent prolixe et sans ordre, mais il a tant de bon sens et apprend tant de choses, qu'on ne remarque point qu'il parle quelquefois hors de propos. C'est un vieillard qui a beaucoup à dire, et qui aime à raconter. Personne cependant ne peint mieux que lui; il a cet art si simple et en même temps si difficile, de faire connaître les hommes par leurs paroles ou leurs actions : on croit, après la lecture, avoir vu les héros dont il vient de vous entretenir. Quels que soient ses défauts, on ne peut les lui reprocher; car chez lui ils sont une sorte d'agrément, et offrent une instruction plus complète. L'amour de la vertu et de la sagesse qui règne dans ses écrits, en ferait des ouvrages parfaitement bons, si la superstition ne s'y faisait pas sentir [illegible] souvent. [illegible] croyait trop à ce [illegible] pas [illegible] véritable défaut : [illegible], les pronostics, les [illegible] de ce genre qu'il a pu recueillir, [illegible] il juge si bien les actions humaines, qu'on oublie en un moment le côté faible de son esprit : c'est une petite tache, qui fait briller plus vivement ses beautés réelles.

TACITE,

[illegible]

Né vers l'an 55.

C. Cornelius Tacite, fils d'un chevalier romain intendant de la Belgique, naquit à la fin du règne de Claude, ou au commencement de celui de Néron. Vespasien, qui vit en lui une ame forte et un génie élevé, le prit en affection et commença à l'élever aux dignités. Titus, et même le cruel Domitien, eurent beaucoup d'estime pour lui. Sous Nerva il parvint à la dignité de consul. L'énergique concision de son style historique nous est connue; mais de son temps Tacite fut encore regardé comme un très-bon orateur. Il était lié de l'amitié la plus vive avec Pline le jeune; cette amitié était de leur temps si célèbre, qu'on ne nommait guère l'un sans penser à l'autre. On rapporte que Tacite s'étant trouvé un jour aux spectacles du Cirque, près d'un chevalier romain avec lequel il eut une conversation savante et diversifiée, le chevalier, qui ne le connaissait pas, lui demanda s'il était de l'Italie ou de quelqu'autre province de l'empire. Tacite lui répondit : *Vous me connaissez, et j'en ai obligation aux lettres.* Aussitôt le chevalier lui répondit : *Vous êtes donc Tacite ou Pline?*

Tacite avait fait plusieurs ouvrages qui ne nous sont pas parvenus. Il nous reste de lui un traité des *Mœurs des Germains*, que Voltaire regarde plutôt comme une satire de celles des Romains, que comme un tableau fidèle de celles d'un peuple barbare, et alors presqu'inconnu; une *Vie d'Agricola*, son beau-père; un fragment d'une *Histoire des Empereurs*; enfin les *Annales*, qui contenaient l'histoire des règnes de *Tibère*, de *Caligula*, de *Claude* et de *Néron*, mais dont nous n'avons que les règnes de Tibère et de Néron, et la fin de celui de Claude. Le règne de Tibère passe pour le chef-d'œuvre de Tacite et celui de la politique. Le reste de son histoire, dit Perrot d'Ablancourt, un de ses traducteurs, pouvait être composé par un autre que par lui, et Rome ne manquait pas de déclamateurs pour peindre au naturel les vices de *Caligula*, la stupidité de *Claude* et les cruautés de *Néron*; mais pour écrire la vie d'un prince aussi artificieux que Tibère, il fallait un historien comme Tacite, qui pût démasquer les fausses vertus, démêler les intrigues, assigner les causes des événemens, et discerner la réalité des apparences. C'est-là le grand talent de cet historien; et sa probité, en dirigeant son génie pénétrant, ne lui permit jamais de déguiser la vérité, même quand elle blessait ses propres sentimens, qui étaient ceux d'un véritable républicain de l'ancienne Rome. Ce qu'il sut, il l'a dit; et quand il nous trompe, c'est qu'il fut lui-même trompé.

ANTONIN *le Pieux*,

EMPEREUR ROMAIN,

Né l'an 86.

Si jamais il y eut un homme véritablement grand, ce fut Antonin. Ce n'est point le génie qui étonne les hommes, ni la guerre qui désole le monde, qui lui valurent ses titres à l'immortalité: c'est la vertu qui fait le bonheur du genre humain. On lui donna, à son avènement au trône, le surnom de *Pieux;* mais la postérité y a ajouté celui de *Père des hommes*. Ses parens étaient originaires de Nîmes, et il naquit en Italie, à Lanuvium, l'an 86. Son aïeul prit-

le plus grand soin de son enfance, lui fit donner l'éducation la plus soignée, et, sur tout, lui inspira ces vertus qui, par la suite, le distinguèrent si éminemment. Il fut d'abord créé proconsul d'Asie, puis gouverneur d'Italie et consul. Il se montra dans ces premiers emplois ce qu'il fut sur le trône impérial, doux, sage, prudent, modéré et juste. *Adrien* l'adopta, voulant laisser à Rome un prince qui la rendît heureuse; il lui fit en même temps promettre que, s'il n'avait point d'enfans, il adopterait à son tour *Marc-Aurèle*, et lui laisserait l'empire. Ainsi, par la sage prévoyance d'Adrien, Rome se vit gouvernée de suite par deux hommes aussi habiles que vertueux. Adrien vécut encore long-temps, et Antonin le soulagea du poids de l'empire en fils respectueux, qui ne fait jamais rien sans l'ordre ou le consentement de son père. Quelque grande que fût l'autorité qu'on lui confia, il n'en abusa jamais, ni contre l'empereur, ni contre les sujets de l'empire. Sur la fin de sa vie, Adrien étant devenu soupçonneux, fit arrêter nombre de personnes, et ordonna la mort de plusieurs : Antonin avait soin de faire absenter les uns, et ménageait la fuite des autres. Ce fut la seule chose où il alla contre les ordres de l'empereur. Quand celui-ci fut mort, loin de se hâter de détruire tout ce qu'il avait fait, Antonin le fit au contraire confirmer, marquant par-là son respect et son estime pour son bienfaiteur ; il se contenta seulement de faire mettre en liberté les personnes arrêtées dans ces derniers temps. Une de ses actions, qui nous apprend le mieux quel était le fond de son cœur, est qu'il veilla et fit veiller avec le plus grand soin à ce qu'Adrien ne se donnât pas la mort, ainsi qu'il se l'était proposé ; tant il préférait le devoir au desir de jouir de l'autorité souveraine ! Quelques misérables conspirèrent alors contre lui, mais il exigea du sénat qu'on ne les recherchât point : *Je ne veux pas*, dit-il, *commencer mon règne par des actes de rigueur. Ce ne serait point, certes, une chose agréable, ni honorable, que vos informations prouvassent que je suis haï d'un grand nombre de mes concitoyens.* Il

fit

fit bannir et punir sévèrement tous les délateurs ; ce fut les seuls gens pour qui il parut n'avoir aucune pitié. Ses anciens amis ne le trouvèrent point changé après son avènement au trône ; c'était toujours le même homme, bon, simple, familier ; seulement il ne souffrait pas qu'ils lui demandassent rien d'injuste, ni qu'ils vendissent sa faveur. Il avait coutume de dire que *les favoris des princes se perdent plus souvent en abusant de leurs faveurs pour faire le mal à autrui, qu'en en usant à leur propre avantage.* Un certain Fulvius, qu'il avait envoyé comme préteur en Mauritanie, n'ayant pas bien rempli ses devoirs, fut rappelé à Rome. Il osa se plaindre à Antonin, et lui rappeler qu'il était de ses anciens amis. *Sans doute*, répondit le prince, *mais ce n'est pas une raison pour te plaindre de moi : c'est de l'empereur que tu tenais ta charge, non pas comme Fulvius, mais comme préteur ; et je te l'ai ôtée comme empereur, et non comme ami.* Cette réponse fait voir qu'Antonin avait médité sur les devoirs de celui qui gouverne, et qu'en lui la bonté n'allait point avec la faiblesse.

Antonin avait reçu de la nature une figure qui annonçait toutes les vertus de son cœur, non qu'elle fût très-belle, mais si agréable et si expressive en bonté qu'on ne pouvait le voir sans se sentir de l'affection pour lui. Il était vif, facile à se mettre en colère, mais il avait su dompter son caractère au point de ne pas paraître affecté des choses qui lui faisaient le plus de peine.

Avant de parvenir à l'empire, il était fort riche, et si économe, qu'on eût presque dit qu'il était avare; mais c'était en lui sagesse et prévoyance. *Je rends graces aux dieux*, disait-il, *de ce que depuis que je suis sur le trône, je n'ai rien pris de ce qui appartient à mes sujets, et de ce qu'avant cette époque je ne me couchais jamais débiteur de qui que ce fût.* L'ordre et l'économie étaient en lui justice. Il fit cependant de très-grandes largesses au peuple et aux armées, mais jamais des deniers publics. *Faustine*, son épouse, lui en ayant fait quelque reproche : *Ne devez-vous pas savoir*, lui dit-il, *que depuis que nous sommes parvenus à l'empire, nous avons perdu le droit de propriété, et que nous sommes obligés de donner, quoiqu'il nous soit défendu de prendre?* Il agit dès-lors comme il parlait, et fut aussi libéral qu'il l'avait peu paru. Il remit aux villes d'Italie la moitié du tribut coronaire, qui se payait au couronnement des empereurs, et commanda qu'on l'employât aux réparations de leurs murailles ; il donna même à l'état son patrimoine, en réservant seulement l'usufruit à lui et à sa fille *Faustine*, qu'il maria à Marc-Aurèle. Quelques officiers du trésor public lui ayant apporté un projet d'accroître ses finances et d'augmenter son revenu, il écrivit au dos du mémoire : *Le moyen qu'il faut chercher pour m'agrandir, est d'améliorer la république et non mes revenus, de diminuer ma dépense et non de mettre de nouveaux impôts, enfin d'user d'épargne, qui est toujours un revenu assuré.* Il ne craignait rien tant que de déplaire au peuple. Dans une émeute occasionnée par une famine, quelques séditieux s'étant présentés à lui, au lieu de venger l'autorité outragée, il rabaissa la majesté du sceptre jusqu'à leur rendre compte des mesures qu'il prenait pour soulager la misère publique. Il ajouta en même temps un secours effectif en faisant acheter à ses dépens des blés, des vins, des huiles, qu'il distribua gratuitement aux pauvres citoyens, dont il se regardait comme l'économe. Au lieu de déplacer des gouverneurs de provinces et de surcharger le peuple, en le faisant changer souvent de chefs qui s'engraissaient à ses dépens, il laissait chacun à sa place, doublait et triplait même les honoraires, pour empêcher les concussions autant que possible. Il fit construire peu d'édifices, mais il le fit avec magnificence et toujours de son propre bien.

Ses goûts devaient être simples : ils le ramenaient volontiers à la tranquillité des champs ; il se plaisait à parcourir lentement les bords d'une rivière, à cultiver de ses mains un jardin. Un jour qu'il greffait un arbre, un sénateur de ses amis voulut lui faire penser que cette occupation était indigne d'un empereur. *Croyez, au contraire*, répondit-il, *qu'il est plus honorable à l'empereur de couper un arbre dans son jardin, que d'être oisif dans la ville.* Dans ses moindres amusemens son excellent caractère se faisait toujours reconnaître. Un jour qu'il pêchait, il prit une grande quantité de poissons, qu'il rejeta à mesure dans l'eau. On lui en demanda la raison : *C'est*, dit-il, *que la clémence doit être si naturelle à un prince, qu'il ne doit ni commander la mort des hommes, ni la donner aux animaux.* Il aimait à voir le peuple se réjouir, les jours destinés aux plaisirs, et se mêlait même à ses amusemens; mais dans tout autre temps il ne voulait voir personne d'oisif : *Il n'y a*, disait-il, *de république mal gouvernée, que celle où l'on permet l'oisiveté.* Quoiqu'il n'aimât pas le faste, il était cependant toujours vêtu avec propreté et richesse, et voulait que les magistrats le fussent aussi.

Il aimait beaucoup les lettres et les arts, et les cultivait avec soin. La musique faisait ses délices, et la philosophie soutenait ses vertus. Il n'oublia rien pour l'éducation de Marc-Aurèle, son gendre, qu'il destinait à l'empire ; il connaissait la nécessité de l'instruction dans un homme qui doit gouverner ses semblables : il retarda l'instant où il voulait lui donner le consulat, et lui recommanda de s'occuper des livres avant de se livrer aux affaires.

Sa tendresse pour *Faustine*, son épouse, était celle d'un homme sensible ; mais elle fut bien mal placée : Faustine ignorait sans doute qu'elle avait pour époux le plus digne des hommes, ou elle n'était point faite pour le savoir : elle se livra à la débauche, et mit si peu de réserve dans sa conduite, qu'elle devint la fable de Rome. Sa fille, nommée aussi *Faustine*, imita d'abord son exemple, et la surpassa ensuite, de manière à faire entièrement oublier les vices de sa mère. Ainsi Antonin, qui ne s'occupait que du bonheur de l'humanité, vit chez lui les excès qu'il voulait proscrire par-tout ailleurs. Il avait rempli ses devoirs de fils avec autant d'exactitude qu'il remplit ceux d'homme public : *Annius Vérus*, son beau-père, étant très-vieux, se faisait porter à bras en la salle du sénat pour y dire son avis; souvent Antonin le porta lui-même sur ses épaules, pour monter les degrés qui conduisaient à la salle. La vieillesse était un grand objet de respect pour lui. Voyant conduire un jour un vieillard en prison, parce qu'il ne pouvait payer ses dettes, Antonin les acquitta aussitôt, et le fit mettre en liberté. Un jour qu'il passait dans un lieu où l'on battait et fustigeait cruellement un grand nombre d'esclaves et de personnes de condition servile, il en fut si touché de compassion, qu'il les acheta tous à l'instant, et leur donna la liberté civile. Les Romains avaient inventé différens tourmens pour augmenter le supplice des criminels; Antonin les défendit, et dit en même temps ces belles paroles : *Il suffit que le supplice châtie, sans imaginer des cruautés qui donnent plus de compassion que d'exemple.* Dès sa jeunesse il prit plaisir à visiter les malades, à consoler les infortunés, et les secourait autant qu'il lui était possible de son bien et de ses conseils. Une pauvre veuve avait un fils unique qui tua un autre jeune homme, et fut condamné à la mort; elle fut demander sa grace à l'empereur, qui ne put s'empêcher de répandre des larmes en voyant sa douleur. Ses amis intimes lui firent entendre que ces larmes ne convenaient point à sa dignité : *Eh quoi !* dit-il, *cette pauvre femme vient me demander la vie de son fils ! faut-il lui refuser de partager sa douleur, s'il ne m'est pas permis de lui accorder sa demande ?*

Sa fermeté, comme l'on voit encore une fois, ne cédait jamais à sa bienveillance. Sa confiance était aussi digne d'admiration que ses autres vertus. Avant d'entreprendre ou de commander, il examinait avec soin le commencement, la suite et la fin de ses desseins; mais dès qu'il avait entrepris, il ne variait ni ne révoquait sa première volonté, pour faveur, amitié ou importunité que ce fût. Un sénateur lui demandant un jour pourquoi ses projets lui succédaient si bien, qu'il ne se repentait jamais de ses actions, qu'on ne lui refusait rien, et qu'il ne commandait rien qu'il ne fût obéi : *C'est*, répondit-il, *que je conforme mes entreprises à la raison, que je ne demande rien que de juste, et ne commande rien qui ne tourne plus au profit de la république qu'au mien propre.*

Avec tant de sagesse et d'amour pour l'humanité, Antonin ne devait point aimer la guerre ; aussi l'évita-t-il autant qu'il put. Quand on lui racontait les victoires de César, de Pompée, d'Annibal et d'autres, il disait : *Que l'on ait de moi l'opinion que l'on voudra, et que chacun loue ce qui lui fera plaisir ; quant à moi, je m'estime plus d'avoir entretenu long-temps l'empire florissant et en paix, que d'avoir gagné un grand nombre de batailles.* Il avait aussi coutume de répéter une parole de Scipion, *qu'il vaut mieux entretenir en tranquillité la vie d'un bon citoyen, que tuer mille ennemis.* Lorsqu'il s'agissait d'éviter une guerre, il ne craignait pas de faire quelques-unes de ces démarches qui ne coûtent rien au roi véritablement vertueux, et que le prince orgueilleux regarde comme une sorte d'humiliation. Les Danois et les Germains s'étant ligués pour faire la guerre aux Romains, et s'exempter de payer le tribut auquel ils étaient assujétis, Antonin leur envoya des commissaires avant des armées ; l'affaire fut arrangée, les subsides furent un peu diminués, les Barbares restèrent tributaires ; et pour quelques sommes de moins, ce bon prince eut la satisfaction de voir le sang humain épargné. Il offrit aussi la paix avant la guerre aux Juifs de la province de Pentapolis, qui s'étaient mutinés. Quelques peuples s'étant révoltés dans l'Achaïe et l'Egypte, à cause de l'avarice et de l'orgueil des préteurs, Antonin, qui le sut, fit punir ces préteurs, et pardonna aux peuples. Les préteurs et les questeurs envoyés chez les Alains, mandèrent au sénat que le peuple de leur gouvernement les traitait mal et les menaçait chaque jour de les tuer, seulement parce qu'ils demandaient le tribut : Antonin leur répondit en ces termes : *Nous avons reçu vos lettres, et nous avons appris avec beaucoup de peine vos travaux et vos dangers. Si les peu-*

ples de votre gouvernement payent le tribut qu'ils doivent, souffrez patiemment leurs menaces, et n'oubliez point que celui qui est assujéti à un tribut, doit naturellement être mécontent. Au surplus, n'ayez point la hardiesse de leur faire aucune injustice, ou d'imaginer à leur égard quelque nouveauté; car nous serions contraints par notre devoir d'écouter leurs plaintes et de punir vos fautes.

Le soin qu'il prenait de ménager les peuples ne lui faisait point négliger celui de bien connaître les gouverneurs qu'il leur envoyait : il ne lui suffisait pas qu'ils fussent instruits, guerriers et expérimentés, il voulait encore qu'ils fussent exempts d'orgueil et de cupidité, bien persuadé qu'il était impossible que l'homme entaché de ces deux vices pût gouverner d'une manière satisfaisante pour les sujets. Avant de donner une charge à quelqu'un, il faisait estimer la valeur de ses biens, afin que, lorsqu'il reviendrait de son gouvernement, on sût le profit qu'il y aurait fait. Il leur recommandait, sur toutes choses, d'être justes et compatissans : aussi, s'il leur pardonnait quelquefois les fautes les plus graves, lorsqu'il ne s'agissait que de l'exécution de quelque ordre, il punissait à la rigueur et très-sévèrement les moindres fautes, si elles blessaient la justice. Il était aussi forcé d'être quelquefois sévère envers les peuples, mais c'était toujours après avoir employé tous les moyens de pacification qu'il pouvait se permettre; et, s'il châtiait ensuite, c'était moins pour se venger, que dans la crainte que l'impunité ne fût d'un exemple dangereux. Ce fut par cette raison qu'il se détermina à envoyer une armée contre les Anglais révoltés, et qu'il sévit contre eux avec une rigueur qui l'affligeait. Il contraignit aussi les peuples de la Mauritanie et d'une partie de l'Afrique à demander la paix et à rentrer sous le joug.

Par cette sage conduite, il se fit bénir de ses sujets et des nations étrangères. Plusieurs peuples lui envoyèrent des ambassadeurs; d'autres voulurent qu'il leur donnât des souverains; des rois même vinrent lui faire hommage. Sa douceur retint plus les Barbares que l'éclat des armes ne les aurait contenus. Rome et les provinces de l'empire ne fleurirent jamais autant que sous son règne. Si une ville essuyait quelque calamité, il la consolait par ses largesses ; si quelqu'autre était ruinée par le feu, il la faisait rebâtir. Il ordonna que dans les années stériles, on ne cultivât dans l'Italie aucun jardin de plaisance, et que toute terre réservée pour les plaisirs fût ensemencée de blé pour la subsistance des pauvres. Il statua aussi par édit universel, que tous les gouverneurs de provinces et officiers de l'empire n'employassent jamais le bien de la république à des choses inutiles et superflues, mais que l'on mît chaque année une somme d'épargne à part, pour subvenir aux chertés et aux guerres à venir. Sa prévoyance courait au-devant des maux pour les faire disparaître, ou au moins les adoucir. Il fit encore plusieurs lois utiles, une entr'autres sur l'adultère : dans les accusations intentées par les maris, il voulait qu'on examinât leur conduite, ainsi que celle de la femme ; et s'ils étaient tous deux coupables, ils devaient être tous deux punis ; *car*, disait-il, *il est tout-à-fait injuste qu'un époux exige de son épouse l'observation des devoirs qu'il ne remplit pas lui-même.*

Sous son règne on vit cesser les persécutions que l'on exerçait contre le christianisme naissant ; il ne croyait pas qu'une manière de penser différente de la sienne fût un sujet de proscription. La lettre qu'il écrivit pour ordonner qu'on laissât les chrétiens tranquilles, et qu'on punît même leurs accusateurs, fait le plus grand honneur à sa philosophie et à la bonté de son cœur.

Personne n'oubliait plus facilement que lui une injure reçue. En voici une preuve assez remarquable. Dans le temps qu'il était proconsul d'Asie, il fut logé, en arrivant à Smyrne, dans la maison d'un certain *Polémon*, sophiste, alors absent. Lorsque ce pédant fut de retour, il fit tant de bruit qu'il obligea le proconsul de sortir de son logis au milieu de la nuit. Antonin étant devenu empereur, le sophiste accourut à Rome, et n'eut pas honte d'aller lui faire sa cour. Antonin lui dit d'un air riant : *J'ai ordonné qu'on vous loge dans mon palais ; vous pouvez prendre votre appartement, sans craindre qu'on vous chasse à minuit.*

Enfin ce bon et vertueux prince mourut à soixante-dix ans passés, l'an 161, dans la vingt-troisième année de son règne. Dans sa dernière maladie, il eut quelques momens de délire, pendant lesquels il parut en colère, mais contre les princes qui voulaient déclarer la guerre à son peuple. Un de ses officiers lui ayant, un instant avant sa mort, demandé le mot d'ordre, il lui dit : *Æquanimitas* (égalité d'ame); et quelques minutes après il expira paisiblement, comme s'il se fût endormi. Cette mort fut un deuil pour le genre humain, qui perdait le premier des hommes et le modèle des rois. Le sénat et le peuple lui donnèrent à ses funérailles le titre de *saint*. La douleur était peinte sur toutes les figures ; on le pleurait publiquement, et on exaltait sa bonté, sa clémence, sa générosité, sa grandeur d'ame et sa prudence. On lui donna les honneurs de *l'apothéose ;*

et si jamais homme les mérita, ce fut sans doute *Antonin*, qui n'eut d'égal que *Marc-Aurèle*, et qui, dans l'esprit des sages et des gens de bien, est fort au-dessus des Alexandre, des Annibal et des César. C'est peut-être l'homme le plus vertueux qui ait jamais existé, et le ciel bienfaisant permit qu'il fût placé à la tête du plus grand empire du monde. Voilà les héros à qui seuls, pour le bonheur du genre humain, on devrait élever des statues : la louange qu'on a donnée aux conquérans, en encourageant à ce crime trop souvent justifié qu'on nomme *guerre*, a coûté plus de sang que l'on ne pense ; l'éloge de la vertu a valu souvent quelques vertus de plus aux hommes. Louons donc la vertu qui fait le bien, et craignons de trop admirer ces heureux forfaits qui bouleversent les empires et coûtent tant de sang et de larmes, pour la gloire et l'avantage de quelques individus. La guerre n'est juste que lorsqu'il s'agit de défendre la patrie ; et c'est ainsi qu'Antonin l'eût faite, s'il y eût été contraint.

MARC-AURÈLE-ANTONIN,

EMPEREUR ROMAIN,

Né l'an 121, et mort l'an 180.

Après avoir tant fait pour le bonheur du monde, Antonin ne pouvait mieux couronner ses bienfaits qu'en adoptant *Marc-Aurèle*. En cela il suivait plus encore son naturel, qui le portait vers les gens de bien, que l'ordre que lui avait donné *Adrien*, en l'adoptant lui-même.

Fils d'Annius Vérus, *Marc-Aurèle* naquit à Rome, l'an 121. Privé de son père dès sa première enfance, il fut élevé à la cour d'Adrien. Les plus heureux dons naturels, le grand caractère de la vertu, annonçaient déjà ce que serait son règne après celui d'Antonin. Rien ne fut épargné pour son éducation. Les plus illustres personnages de son temps, parmi lesquels se trouvait le petit-fils de Plutarque, furent appelés auprès de lui. Les instructions les plus solides furent celles qu'il saisit avec plus d'avidité, parce qu'elles avaient des rapports avec les vertus qui devaient se développer dans son cœur. Son esprit juste et pénétrant lui fit dédaigner d'abord les subtilités scolastiques et les sophismes des rhéteurs, si fort à la mode de son temps. *Il ne s'agit pas*, dit-il un jour, impatienté d'entendre un de ces ennuyeux déclamateurs ; *il ne s'agit pas de discuter savamment sur le mot d'homme de bien, mais de l'être.* Le stoïcisme plut à son ame énergique, et parut lui offrir les meilleurs moyens de se conserver juste et de l'inciter aux vertus. L'austérité de sa conduite, cependant, n'influa jamais en rien sur la sensibilité de son cœur et l'aménité de son caractère ; il fut véritablement philosophe, sans rien ôter aux droits de la nature, sans cesser d'être homme.

Les grandeurs lui donnèrent des craintes. Quand Adrien l'appela à sa cour, il répandit des larmes au moment de quitter les jardins de sa mère. *Vous ignorez*, dit-il à ceux qui lui paraissaient étonnés de ses regrets, *tout le poids d'un gouver-*

nement : je ne sens que trop ce qui me manque pour commander aux hommes. Les grandeurs ne changèrent rien à sa manière de vivre, qui non-seulement était sans faste, mais avait une austérité qui lui semblait, et qui était effectivement un rempart puissant aux vices qui auraient pu l'entraîner. Dans sa première jeunesse, il portait cette austérité jusqu'à coucher sur la terre nue, et ce ne fut qu'à la prière de sa mère qu'il prit un lit plus commode.

Après la mort d'Antonin, Marc-Aurèle fut, d'une voix unanime, proclamé empereur. Son premier acte d'autorité fut un trait admirable de modération : quoique le trône eût été déféré à lui seul, il en voulut partager les honneurs avec *Lucius-Vérus*, cousin d'Antonin, et que cet empereur avait associé à l'empire avec Marc-Aurèle. En cela il croyait remplir l'intention du prince vertueux qui l'avait adopté. Lucius-Vérus malheureusement lui ressemblait peu par les mœurs, le génie et le caractère; cependant ils vécurent tous deux dans une harmonie qui fut comme un prodige aux yeux des Romains, et qui n'était que le fruit de la douceur et de la justice de Marc-Aurèle. Leur concorde présageait à l'empire la tranquillité et le bonheur, lorsque les Parthes d'un côté, et les Germains de l'autre, projetèrent une irruption violente au sein de l'Italie. Vérus partit aussitôt pour l'Orient ; mais sa conduite dans cette guerre ne répondit point à ce que l'on en attendait : *Avidius Cassius*, son lieutenant, fut plus heureux ; mais, dévoré d'ambition, il conçut le projet de s'emparer des provinces qu'il avait conquises. Marc-Aurèle, occupé à Rome du pénible soin d'affermir un gouvernement vicieux dans son ensemble, fit passer à Vérus des avis si sages sur la conduite de Cassius, et sur toutes les mesures à prendre contre sa perfidie, que, se voyant démasqué, il fut forcé de renoncer à ses projets. L'éclat de ses victoires en Syrie fit oublier cette première faute. Les Parthes humiliés et la paix conclue avec eux, Vérus revint à Rome et reçut les honneurs du triomphe.

Marc-Aurèle, de son côté, n'était pas resté oisif : il s'était appliqué à réprimer les vices, les abus qui s'étaient introduits sous les règnes tyranniques des premiers Césars. Ses ordonnances, ses réglemens, sa vigilance pour la réforme des mœurs, rappelèrent à Rome le souvenir des beaux jours de la république. Peu jaloux de régner en despote qui n'a d'autre loi que sa volonté, il remit en vigueur l'ancienne autorité du sénat, et assista à ses assemblées avec l'assiduité du moindre sénateur. Il voulut aussi que chacun des sénateurs fût libre dans son opinion; et, pour encourager le corps en entier, il prenait plaisir à déférer aux avis des autres, chaque fois qu'il le pouvait pour l'avantage public. *Il est plus raisonnable*, disait-il, *de suivre l'opinion de plusieurs personnes éclairées, que de les obliger de se soumettre à celle d'un seul homme.* S'il était attentif à consulter, il ne l'était pas moins à faire exécuter. Il disait qu'*un empereur ne devait rien faire ni lentement, ni à la hâte, et que la négligence dans les plus petites choses influait sur les plus grandes.* Sa circonspection pour le choix des gouverneurs de provinces et des magistrats fut extrême. C'était une de ses maximes, qu'il n'était pas au pouvoir d'un prince de créer les hommes tels qu'il les voulait, mais qu'il dépendait de lui de les employer tels qu'ils étaient, chacun selon son talent. Persuadé que le prince est au-dessous des lois, il ne se regardait que comme le premier agent de la république. *Je vous donne cette épée*, dit-il au chef du prétoire, *pour me défendre tant que je m'acquitterai fidèlement de mon devoir; mais elle doit servir à me punir, si j'oublie que ma fonction est de faire le bonheur des Romains.* Un gouvernement tel que le sien devait naturellement lui concilier l'amour et l'estime du sénat et du peuple : l'un et l'autre cherchèrent à lui en donner volontairement des marques par des honneurs que Caligula avait exigés ; mais ce prince philosophe refusa les temples et les autels qu'on voulait lui dédier. *La vertu*, dit-il, *égale les hommes aux dieux. Un roi juste a l'univers pour son temple, et les gens de bien en sont les prêtres et les ministres.*

Ce bon prince n'eut cependant point la satisfaction que méritaient ses efforts : son collègue, loin de le seconder, montra autant de vices que Marc-Aurèle avait de vertus. Ce fut un sujet de chagrin pour lui. D'autres malheurs menacèrent en même temps l'état : une peste meurtrière désola les provinces ; et les peuples de la Germanie, profitant des circonstances, s'élevèrent de nouveau contre l'empire. Marc-Aurèle, dans ces pressans dangers, met en œuvre tous les moyens qui sont en son pouvoir pour soulager ses peuples ; il envoie le célèbre *Galien* au secours des villes attaquées par la contagion, et lui-même se met dans le même temps à la tête des armées, et triomphe des ennemis. Enfin il a le bonheur de voir la nature respirer plus tranquillement, et l'empire hors de danger. Il revenait à Rome avec Vérus, lorsque celui-ci mourut. Resté seul maître de faire le bien, il parut alors plus grand aux yeux des hommes. L'état agité par tant d'orages, avait plus que jamais besoin d'un pilote aussi habile ; il allait donc s'occuper entièrement à réparer d'aussi grands maux, lorsqu'il apprit que *Vindex*, son lieutenant, avait été défait par les Barbares. Cette nouvelle jeta encore l'effroi dans toutes les ames. La suite non interrompue de tant de guerres renaissantes, les ravages de la peste, et les efforts redoublés de tant d'ennemis toujours soulevés, quoique presque toujours vaincus, avaient épuisé Rome de soldats et d'argent : le courage, et sur-tout la bonté paternelle de l'empereur, préviennent autant que possible les inquiétudes et les besoins du peuple ; il voit dans les trésors d'Adrien, dont il avait hérité, un moyen de subvenir aux frais de cette guerre sans surcharger le peuple : il fait vendre les meubles, la vaisselle d'or et d'argent, les statues, les tableaux, et même les plus riches habits et les pierreries de l'impératrice son épouse. La grandeur du péril découvre à son génie toutes ses ressources : on fait de toutes parts des recrues ; on enrôle les esclaves, on arme les gladiateurs. Le peuple, qui souvent préfère les petites choses aux grandes, voit avec peine qu'on lui enlève les acteurs du spectacle qu'il aimait passionnément : l'empereur, autant par bonté que par politique,

tique, remplace les gladiateurs par des pantomimes. Il pourvoit à tout dans l'intérieur, voit le danger sans le craindre, et part pour la Germanie, résolu de ne la quitter qu'après avoir tout vaincu ou tout pacifié.

Dans le temps qu'il poussait cette guerre avec le plus d'ardeur, il apprit que toute la Gaule se soulevait et menaçait de se joindre aux Maures, pour envahir l'Espagne et pénétrer dans l'Italie. Les ordres qu'il envoya, et le choix qu'il sut faire de bons commandans, hâtèrent la réduction des rebelles, et rétablirent la tranquillité dans cette partie de l'empire. Enfin les Barbares qui le retenaient, vaincus par ses manières généreuses et bienfaisantes, autant que par ses exploits militaires, se soumirent, et lui laissèrent la liberté, non de jouir du repos, mais d'appaiser de nouveaux troubles. Avidius - Cassius s'était révolté encore une fois, et s'était fait proclamer empereur. Marc - Aurèle faisait ses préparatifs pour marcher contre ce rebelle, lorsqu'un centurion arrêta les nouveaux malheurs qui allaient fondre sur l'empire, en tranchant la tête de Cassius, qu'il porta à Rome. Ce fut en vain que le sénat pressa Marc-Aurèle de faire punir les principaux complices de Cassius; il s'y opposa toujours, et brûla lui-même, sans les avoir vus, tous les papiers qu'on lui avait apportés, dans la crainte de trouver trop de coupables. *Je vous conjure*, écrivait-il à cette occasion aux sénateurs, *de consulter plutôt votre bonté, que la sévérité des lois: ne versez point de sang, que personne ne périsse, que les exilés soient rappelés, que les proscrits recouvrent leurs biens, que l'incertitude de leur sort ne les tienne pas plus long-temps dans l'effroi ni la douleur! personne ne doit respirer avec crainte, là où règne Marc-Aurèle. Que n'ai-je le pouvoir de rouvrir les tombeaux, et de rendre au monde les hommes qu'il a perdus!*

Croyant sa présence nécessaire en Perse, pour y appaiser les troubles, il s'y rendit, et revint par la Palestine, l'Egypte et la ville d'Alexandrie. Arrivé à Péluse, il y abolit les fêtes de Sérapis, comme étant un rendez-vous de débauche. Il ne voulut pas quitter le voisinage de la Grèce sans avoir vu Athènes, la mère-patrie des arts, des lettres et de la philosophie. Il y établit des professeurs publics, auxquels il assigna des pensions et accorda des immunités. De retour à Rome, après huit ans d'absence, il donna à chaque citoyen huit pièces d'or, leur fit une remise générale de tout ce qu'ils devaient au trésor public; et, à l'imitation de Trajan, il brûla devant eux, dans la place publique, les actes qui les constituaient débiteurs: il éleva aussi un grand nombre de statues aux capitaines de son armée morts dans la guerre des Germains; enfin, pour se décharger un peu du poids de l'empire, il désigna pour son successeur son fils *Commode*, et se retira à Lavinium, dans l'espoir d'y jouir d'un peu de repos.

Le règne d'un aussi bon prince semblait ne devoir pas rester un instant tranquille: les indomptables Germains, soulevés pour la huitième fois, le forcent de nouveau à quitter la capitale et à courir, malgré ses infirmités, au-delà du Danube, pour les combattre. Après plusieurs actions dans lesquelles les avantages furent balancés, une dernière s'engage, dure vingt-quatre heures, épuise les Barbares, et les amène au point de se remettre à la discrétion du vainqueur. Cette victoire fut la dernière que remporta Marc-Aurèle : on se préparait à le proclamer *Imperator* pour la dixième fois, lorsque la maladie dont il était atteint depuis quelque temps le conduisit au tombeau. Ce fut l'an 180, et dans la cinquante-neuvième année de son âge, qu'il mourut. Avant d'expirer, il fit venir son fils et ses amis autour de son lit, et parla en ces termes : *Mes amis, voici le temps de recueillir les fruits des bienfaits dont je vous ai comblés depuis tant d'années, et de m'en témoigner votre reconnaissance. Mon fils a besoin de vous ; c'est vous qui l'avez élevé jusqu'ici, mais vous voyez à quel danger sa jeunesse est exposée ; et, dans un âge que l'on peut justement comparer à l'agitation des flots et de la tempête, combien lui est nécessaire le secours d'habiles pilotes qui le gouver-*

nent sagement, et qui empêchent que l'inexpérience ne l'entraîne dans mille écueils, et ne le livre à la séduction du vice! Servez-lui de modérateurs, dirigez-le par vos conseils, et faites qu'il retrouve en vous plusieurs pères, au lieu d'un que la mort lui enlève. Car, mon fils, vous devez savoir qu'il n'est point de richesses qui suffisent à remplir le gouffre insatiable de la tyrannie; point de garde, si nombreuse qu'elle soit, qui puisse assurer la vie du prince, s'il n'a pas soin d'acquérir l'affection de ses sujets. Ceux-là seuls ont droit à une longue et heureuse jouissance du souverain pouvoir, qui travaillent, non à effrayer par la cruauté, mais à régner sur les cœurs par l'amour qu'inspire leur bonté à tous ceux qui leur obéissent.

Ce fut en vain que ce bon prince tint ce discours à son fils : *Commode* n'eut rien de son père; et, loin de chercher à se faire adorer par ses vertus, il prit au contraire plaisir à se distinguer par toutes sortes de cruautés, de vices et d'extravagances. Il ne vécut que 31 ans, et plaça son nom à côté de ceux de Néron et de Caligula. Il avait sans doute puisé ses idées de crimes et de débauches auprès de Faustine la jeune, sa mère. Cette impératrice, fille et femme de philosophes, fut la honte de son sexe, et n'eut d'égale que Messaline. La nature lui avait accordé la beauté, l'esprit et les graces : elle abusa de ces dons ; du plaisir elle passa à la débauche, et de la débauche aux derniers excès de la lubricité. Quelques écrivains ont rapporté que Marc-Aurèle, instruit de ses déréglemens, feignit de les ignorer, et que lorsqu'on lui conseilla de la répudier, il répondit : *Il faudrait donc que je rendisse sa dot*, c'est-à-dire l'empire. Cette réponse, indigne de ce prince, est d'autant moins croyable, qu'elle supposerait que la dignité impériale était héréditaire ; ce qui n'est pas vrai. Si Marc-Aurèle souffrit avec patience la mauvaise conduite de son épouse, ce fut sans doute en lui moins insouciance que vertu : elle était la fille d'Antonin, du plus vertueux des hommes, de celui qui avait adopté Marc-Aurèle, qui l'avait aimé comme un fils, qui l'avait fait son successeur. En lui donnant sa fille, Antonin avait-il lieu d'attendre qu'un jour il la chasserait du trône où il l'avait placé lui-même? N'eût-ce pas été une ingratitude révoltante, une flétrissure à la mémoire de Marc-Aurèle? Il faut donc croire qu'un homme qui, dans sa conduite, montra tant de sagesse et de vertu, ne fut pas sur ce sujet seul dans l'ignorance de ce que lui dictait un devoir rigoureux. Il fut malheureux, mais il fit ce qui seul était digne de lui; et c'est pour lui un nouveau titre à notre admiration.

Il nous reste de ce grand homme un petit recueil de différentes pensées sur sa vie, sa conduite et ses sentimens. Cet ouvrage fut trouvé dans sa tente; il s'amusait à l'écrire dans ses courts instans de loisir. C'est un compte qu'il se rendait à lui-même de ce que l'homme doit faire pour avoir rempli tous ses devoirs. La morale en est sévère, mais elle se présente d'une manière agréable, et même touchante. On ne peut que beaucoup gagner à le lire avec attention; il console sur les maux passés, et donne le courage de supporter ceux que l'on a à craindre : l'ame de Marc-Aurèle y respire, et elle peut encore animer celui qui est susceptible de vertu. Je terminerai cet article, trop court encore, par un sentiment de Montesquieu sur cet homme admirable. « On sent en soi-même, dit-il, un plaisir secret lorsqu'on parle de cet empereur ; on ne peut lire sa vie sans attendrissement : tel est l'effet qu'elle produit, qu'on a meilleure opinion de soi-même, parce qu'on a meilleure opinion des hommes. »

ÉPICTÈTE,

PHILOSOPHE STOÏCIEN,

Mort sous Marc-Aurèle.

VOICI le héros des stoïciens, un sage dont la vie fut d'accord avec les principes. Réduit par le sort à un dur esclavage, il soutint ses malheurs avec une égalité d'ame qu'on ne peut trop admirer. Sa philosophie fut sévère comme sa fortune. Né pour souffrir, il trouva en lui un courage au-dessus des peines qu'il eut à supporter, et essaya d'apprendre aux hommes, par ses leçons et son exemple, à vaincre le sort par la vertu.

Ce fut à Hiéropolis en Phrygie qu'il naquit. Un affranchi de Néron, nommé *Epaphrodite*, fut son maître. Il fut aussi mal partagé de la nature que de la fortune ; son corps était petit et contrefait, mais son ame le vengea de la fortune et de la nature. *Je suis*, disait-il, *dans la place où la Providence voulait que je fusse : m'en plaindre c'est l'offenser.* Les bases de sa morale étaient, *savoir souffrir* et *s'abstenir. Nous avons grand tort*, disait-il, *d'accuser la pauvreté de nous rendre malheureux ; c'est l'ambition, ce sont nos insatiables desirs qui nous rendent réellement misérables. Fussions-nous maîtres du monde entier, sa possession ne pourrait nous délivrer de nos frayeurs et de nos chagrins : la raison seule a ce pouvoir.* Telle était sa manière de penser ; et voici comment il agissait. Epaphrodite, un jour, lui ayant donné un grand coup sur la jambe, le philosophe l'avertit froidement de ne la pas rompre. Le barbare redoubla au contraire à tel point, qu'il lui cassa l'os; Épictète lui dit alors, sans s'émouvoir : *Ne vous avais-je pas averti que vous la casseriez ?*

L'empereur Domitien le chassa de Rome; mais, après la mort de ce tyran, il revint et mérita l'admiration et le respect de tous ceux qui furent à même de le voir. Adrien l'aima et l'estima, et le sage Marc-Aurèle en fit le plus grand cas : tous deux avaient les mêmes principes, quoiqu'occupant des places bien différentes parmi les hommes; et ces principes, qui valurent nombre de vertus au monde, retenaient le prince sur son trône, et soutenaient l'esclave dans ses fers. Épictète n'écrivit rien; mais *Arrien*, son disciple, recueillit quelques-uns de ses discours et quelques-unes de ses pensées, dont il forma quatre livres, sous le titre de *Manuel*. Dacier a traduit cet ouvrage, que l'homme qui veut fortifier son ame doit lire de temps en temps. Les maximes outrées du stoïcisme s'y retrouvent ; mais quand on se rappelle la constance admirable d'Epictète, on ne les croit que naturelles. Ce sage mourut dans un âge fort avancé, sous le règne de Marc-Aurèle. La prière qu'il souhaita de faire en mourant, et qu'il avait composée d'avance, mérite d'être connue. « *Seigneur*, disait-il, *ai-je violé vos commandemens ? ai-je abusé des présens que vous m'avez faits ? ne vous ai-je pas soumis mes sens, mes vœux et mes opinions ? me suis-je jamais plaint de vous ? ai-je accusé votre providence? J'ai été malade parce que vous l'avez voulu, et je l'ai voulu de même ; j'ai été pauvre parce que vous l'avez voulu, et j'ai été content de ma pauvreté ; j'ai été dans la bassesse parce que vous l'avez voulu, et je n'ai jamais desiré d'en sortir. M'avez-vous jamais vu triste de mon état ? m'avez-vous surpris dans l'abattement et dans le murmure? Je suis encore tout prêt à subir tout ce qu'il vous plaira ordonner de moi. Le moindre signal de votre part est pour moi un ordre in-*

violable. Vous voulez que je sorte de ce spectacle magnifique ; j'en sors, et je vous rends mille graces de ce que vous avez daigné m'y admettre, pour me faire voir tous vos ouvrages, et pour étaler à mes yeux l'ordre admirable avec lequel vous gouvernez cet univers. »

On rapporte un trait, vrai ou faux, qui prouve en quelle estime était Epictète sur la fin de sa vie. Quelque temps après sa mort, une personne acheta trois mille drachmes, une petite lampe de terre dont il se servait pour ses veilles philosophiques.

GALIEN,

CÉLÈBRE MÉDECIN,

Né vers l'an 131.

Claudius Galenus fut un médecin très-célèbre sous Antonin, Marc-Aurèle et quelques autres empereurs. Il naquit à Pergame, vers l'an 131. Son père, habile ar-

T. II. Pag. 312.

chitecte, lui fit donner une éducation soignée. Galien cultiva les belles-lettres, les mathématiques et la philosophie; mais la médecine attira toute son attention et son temps. Son esprit curieux et observateur lui fit en peu de temps faire de grands progrès. Il parcourut toutes les écoles de la Grèce et de l'Egypte, pour se perfectionner sous les plus habiles maîtres, s'arrêta à Alexandrie, qui possédait alors la meilleure école, et revint à Rome, où il se fit une grande réputation, et excita l'envie, ce qui est suivant la coutume. Marc-Aurèle l'estima beaucoup, et vit en lui autant de probité que de savoir. Galien avait étudié avec le plus grand soin les ouvrages d'Hippocrate, et plus soigneusement encore les opérations de la nature. Ses ennemis publièrent qu'il était magicien, ne pouvant le convaincre d'ignorance. Galien leur répondit par ses succès. Son grand art était plutôt d'apprendre à se bien porter, que de guérir. *Sortez*, disait-il à ceux qui le consultaient, *sortez toujours de table avec un reste d'appétit, et vous conserverez votre santé.*

Ses mœurs, son caractère, répondaient à son habileté, et ajoutaient encore à sa réputation. Son assiduité auprès des malades, son attention à observer leur état et à ne rien précipiter, les secours gratuits donnés ou procurés aux pauvres, sont de grands exemples qu'il a laissés à ceux qui exercent sa profession.

Après la mort de Marc-Aurèle, qui se faisait adorer de tous ceux qui l'approchaient, Galien quitta Rome, et se retira dans sa patrie, où il mourut dans un âge avancé, vers l'an 210. Il dut sa longue vie à sa frugalité, car il était d'un tempérament très-délicat : il écrivit beaucoup sur son art, mais la plus grande partie de ses ouvrages périrent, de son temps, dans l'incendie du temple de la Paix, où ils étaient en dépôt.

CONSTANTIN DIT LE GRAND,

EMPEREUR ROMAIN,

Né en 174.

Si nous plaçons ici *Constantin*, ce n'est pas parce qu'il fut un grand homme, mais parce que l'on est habitué à le faire passer pour tel. Ses fautes, au contraire, furent si grossières, qu'elles donnèrent le plus rude coup à l'empire que César avait commencé ; et ses cruautés doivent le faire regarder comme un de ces princes qui se croient fort au-dessus des hommes pour prendre la peine d'épargner leur sang.

Il naquit de *Constance Chlore* et d'*Hélène*, à Naïsse, ville de Dardanie, en 274. Lorsque *Dioclétien* associa son père à l'empire, il garda le fils auprès de lui. Ce même Dioclétien et *Maximien-Hercule* ayant abdiqué l'empire, *Galère*, jaloux de ce jeune prince, l'exposa à toutes sortes de dangers pour se délivrer de lui. Constantin s'étant apperçu de son dessein, se sauva auprès de son père. L'ayant perdu peu après son arrivée, il fut déclaré empereur à sa place, l'an 306 ; mais Galère lui refusa le titre d'Auguste, et ne lui laissa que celui de César. Il hérita pourtant des pays que son père avait gouvernés, des Gaules, de l'Espagne, de l'Angleterre. Ses premiers exploits furent contre les Francs, qui alors ravageaient les Gaules. Il fait deux de leurs rois prisonniers ; il passe le Rhin, les surprend, et les taille en pièces. Ses armes se tournèrent bientôt contre *Maxence*, ligué contre lui avec *Maximin*. C'est pendant cette guerre qu'on place cette fameuse apparition qui, disent nombre d'historiens, décida Constantin à embrasser la religion chrétienne. Il faut bien dire un mot de ce conte. Par une belle soirée, l'empereur remarqua dans le ciel une croix de feu, un peu au-dessous du soleil, avec cette inscription : *In hoc signo vinces (par ce signe tu vaincras).* La nuit suivante, ajoute-t-on, le *Christ* lui apparut, et lui ordonna de placer sur ses étendards la représentation de la croix qu'il avait vue. Il serait difficile d'indiquer l'origine de cette fable : si elle n'a pas été inventée postérieurement, comme tant d'autres, il faut croire que Constantin l'imagina par politique. Les chrétiens étaient déjà nombreux, leur appui pouvait être préférable à celui des empereurs qui non-[illegible] tranquillité, mais encore qui parurent embrasser leurs opinions : la ruse réussit, et Constantin se vit affermi sur le trône. Quelques jours après, l'an 312, ayant livré bataille proche des murs de Rome, il défit les troupes de Maxence, qui, obligé de prendre la fuite, se noya dans le Tibre. Après être entré en triomphe dans Rome, Constantin fit sortir de prison tous ceux qui y avaient été détenus par l'ordre de Maxence, [illegible] à ceux qui avaient pris parti contre les [illegible] déjà déclaré pour le christianisme, il n'en reçut pas moins du sénat le titre et l'office de prêtre de Jupiter. C'était une politique par laquelle il se maintenait entre l'opinion ancienne et l'opinion naissante ; et cette politique annonce qu'il ne se souciait pas plus d'une religion que de l'autre. Il sût, au moins, être tolérant ; et non-seulement les chrétiens ne furent point inquiétés ni tourmentés, mais ils rentrèrent dans leurs biens, et eurent droit aux emplois publics, comme ceux de l'ancienne religion.

Licinius, qui était l'autre empereur, jaloux de l'autorité et du crédit que lui donnaient les lois qu'il avait faites en faveur des chrétiens, s'attacha au contraire à ruiner son ouvrage, et à persécuter ceux qu'il favorisait. Tous deux prirent les armes, et se rencontrèrent l'an 314, auprès de Cibales en Pannonie. Avant de combattre, Constantin, environné des évêques et des prêtres, implora le ciel à la manière des chrétiens, pour se mieux les attacher. Licinius, dans une autre intention, était entouré des ministres des dieux et des augures, suivant l'ancienne coutume. Constantin fut vainqueur, et les enthousiastes ne manquèrent pas de dire que c'était par la protection du ciel. Le vaincu demanda la paix, et l'obtint. Elle ne fut pas de longue durée ; la guerre ayant recommencé, Licinius fut encore vaincu, et tomba même entre les mains de Constantin, qui le fit étrangler sans pitié, pour être seul maître des empires d'Orient et d'Occident. Alors il permit de bâtir des églises, fournit même aux frais nécessaires, assista à un concile, et fut jusqu'à baiser les plaies de ceux qui avaient été persécutés sous Licinius, sans doute pour rendre plus odieuse la mémoire de celui qu'il avait étranglé, et paraître ne lui avoir enlevé son empire que pour rendre ses sujets plus heureux.

Non content de détruire les anciennes mœurs, il voulut aussi changer le siége de l'empire, et fit, sur les ruines de l'ancienne Byzance, élever Constantinople (*ville de Constantin*), où il fut établir sa résidence. « C'était, dit *Mably*, bien mal connaître les intérêts de l'empire, que de construire une nouvelle capitale, tandis qu'il était si difficile de conserver l'ancienne. Byzance devint la rivale de Rome, ou plutôt lui fit perdre tout son éclat, et l'Italie tomba dans le dernier abaissement. La misère la plus affreuse y régna, au milieu des maisons de plaisance et des palais à demi ruinés que les maîtres du monde avaient autrefois élevés. Toutes les richesses passèrent en Orient ; les peuples y portèrent leurs tributs et leur commerce, et l'Occident fut en proie aux Barbares. Une suite encore fâcheuse de la transmigration de Constantin, ce fut de diviser l'empire ». Après avoir changé la constitution de l'état, et divisé l'empire en diocèses, il déplaça les légions qui étaient sur les bords des grands fleuves, et les dispersa dans les provinces ; ce qui produisit deux maux : l'un, que les barrières furent ôtées, et l'autre, que les soldats vécurent et s'amollirent dans le cirque et sur les théâtres.

Les Goths, qui avaient déjà éprouvé ses forces, ayant recommencé les hostilités, il envoya contr'eux son fils aîné, qui les vainquit, et en fit périr près de cent mille par l'épée, par la faim et par la misère. Il fit aussi la guerre aux Sarmates. La plus grande partie de sa vie fut donnée aux armes ; il trouva cependant des momens pour les livrer aux voluptés, qu'il recherchait beaucoup trop, au rapport de *Julien*, son neveu.

S'il marqua quelque penchant à la clémence en public, dans le sein de sa famille il commit des cruautés horribles, qui auraient dû le faire placer à côté des Néron et des Caligula. Il fit périr son fils aîné, son beau-père, son épouse et nombre de ses amis. *Fausta*, sa seconde épouse, fut presque cause de tous ces crimes. Fille de Maximien-Hercule, et sœur de Maxence, ennemis que Constantin s'était faits par son ambition, elle se montra pendant quelque temps fidelle à son mari. Son père l'ayant engagée à trahir Constantin, elle révéla tout à ce dernier : celui-ci donna l'ordre aussitôt d'arrêter Maximien, et lui fit donner la mort. Ainsi Fausta ne put servir son époux qu'aux dépens de la vie de son père. Elle embrassa, comme Constantin, le christianisme, et n'en fut pas plus vertueuse : elle se livra à toutes sortes de débauches, et porta même ses vues jusque sur *Crispus*, fils aîné de son mari, qu'il avait eu du premier lit. Le jeune prince ayant eu horreur de sa passion, en devint la victime : cette femme, aussi perfide que débauchée, l'accusa auprès de son père, comme s'il eût tenté de la violer. L'empereur, méfiant et cruel, saisit l'accusation sans l'examiner, et fit mettre à mort un fils déjà célèbre par plusieurs exploits, et qui peut-être donnait quelqu'inquiétude à un père ambitieux, qui avait sacrifié ses collègues, et même ses parens, à l'ambition de régner seul. Enfin, instruit des infamies et de la scélératesse de Fausta, il punit le crime par un crime nouveau, et fit étouffer sa femme dans un bain chaud, comme si elle seule eût été coupable de la mort de Crispus, et que lui-même n'eût pas eu à se reprocher, sinon une méfiance criminelle, au moins une faiblesse et une crédulité qu'on ne peut pardonner. Il n'était pas possible, dit *Crévier*, qu'une scène aussi tragique se passât dans la maison impériale sans y faire bien des coupables : aussi *Eutrope* rapporte-t-il qu'il en coûta la vie à plusieurs amis de Constantin. *Il est fâcheux*, ajoute Crévier, *que dans la vie du premier empereur chrétien il se trouve des actions aussi contraires, non-seulement à la sainteté du christianisme, mais aux lois d'une vertu humaine.*

Tel fut Constantin, que les moines,

sans honte pour la vérité et leur religion, ont placé sur le Martyrologe, et ont honoré comme un *saint*, sans doute parce qu'il dota des monastères et bâtit des églises; car, parmi les hommes, les actions qui servent nos intérêts sont toujours les plus belles et les meilleures. Constantin fit en effet semblant d'être très-zélé pour le christianisme; il fut même jusqu'à prêcher quelques sermons, dont un nous reste encore, intitulé : *Discours à l'assemblée des saints*. Comme les chrétiens étaient déjà très-divisés entre eux, et que ce que l'on nomme les erreurs d'*Arius* en faisaient deux partis bien prononcés, Constantin se déclara contre l'aranisme, et persécuta l'autre parti avec autant de fureur que ses prédécesseurs avaient persécuté les chrétiens en général. Enfin il mourut dans sa soixante-troisième année, l'an 337, après avoir reçu le baptême et les autres sacremens.

Aux fautes et aux cruautés qu'on lui reproche, il faut ajouter la prodigalité; il dépensait l'argent du public à des bâtimens inutiles, et à enrichir des ministres qui, loin de mériter le moindre bienfait, abusaient de sa confiance et en faisaient l'instrument de leurs passions. Sa dernière faute en politique fut d'avoir ordonné, par son testament, que l'empire serait partagé entre les trois fils qu'il laissait : c'était démembrer et affaiblir un état qui avait besoin des vues et de la volonté d'un seul homme pour se soutenir.

JULIEN,

EMPEREUR ROMAIN,

Né l'an 331.

CONSTANTIN et JULIEN sont une preuve que les réputations ne suivent pas toujours la vie que l'on a menée. Le premier fut un prince cruel et faux, et eut le titre de *grand;* le second fut juste, attaché aux mœurs de ses ancêtres, et passa pour un *apostat,* un malheureux condamné par la Divinité même. Tels sont les

les jugemens des hommes, les passions en décident avant la justice.

Julien naquit à Constantinople, l'an 331, de *Jules Constance*, frère de Constantin. Il fut sur le point de périr dans l'horrible massacre que les fils de Constantin firent de sa famille; il y perdit son père et ses plus proches parens. Son éducation fut très-soignée; et comme il fut élevé dans les principes du christianisme, on le fit entrer dans le clergé avec le titre de lecteur. Envoyé à Athènes, à l'âge de vingt-quatre ans, il revint à la religion de ses ancêtres, et montra une sorte de mépris pour celle qu'on lui avait d'abord fait suivre. Fut-ce en lui politique, réflexion, ou dégoût causé par le peu d'accord qui régnait entre les chrétiens? c'est ce que l'on ignorera toujours.

L'empereur Constance le fit César l'an 355. Il eut alors le commandement général des troupes dans les Gaules, et se signala par sa prudence et son courage. Il remporta une victoire sur sept rois allemands, vainquit plusieurs fois les Barbares, et les chassa des Gaules en très-peu de temps. Ses succès le rendirent suspect à Constance, qui chercha dès lors à le perdre. Comme il n'eût pas été sûr de l'attaquer ouvertement, tandis qu'il était à la tête d'une armée nombreuse qui venait de vaincre, et qui idolâtrait son général, l'empereur prit des détours; il chercha à l'affaiblir, et demanda une partie considérable des troupes, sous le prétexte de la guerre contre les Perses. La ruse fut soupçonnée, les soldats se mutinèrent, refusèrent d'obéir, et déclarèrent Julien empereur, malgré la résistance qu'il opposa à leur volonté. Il était alors à Paris. Constance songeait aux moyens de se venger, lorsqu'il mourut, l'an 361. Julien alla aussitôt en Orient, où il fut reconnu empereur, comme il l'avait été en Occident.

La sagesse de sa conduite et la modération de sa vie parurent alors dans tout leur éclat. Le luxe des princes obérait l'empire; Julien le fit presque disparaître: sa maison fut réformée, et l'on vit encore une fois la simplicité des mœurs, qui avait distingué Antonin et Marc-Aurèle. Un jour que l'empereur avait demandé un barbier, il s'en présenta un superbement vêtu. *C'est un barbier que je demande, et non un sénateur*, dit le prince en le renvoyant. Son prédécesseur avait près de mille de ces baigneurs; Julien n'en garda qu'un : le palais renfermait autant de cuisiniers; ils furent également renvoyés. *Vous perdriez vos talens à mon service*, leur dit-il. Il chassa aussi les eunuques, dont il n'avait aucun besoin, n'ayant plus de femme. Il avait perdu son épouse *Hélène*, qu'il avait tendrement aimée, et, fidèle à sa mémoire, il ne voulut plus se remarier. Certains espions, qui informaient les empereurs de tout ce qui se passait, furent également supprimés. Ce retranchement de tant d'emplois inutiles lui permit de remettre au peuple un cinquième des impôts. Son grand desir était d'être le moins possible à charge à ses sujets, et de leur faire autant de bien qu'il en aurait la facilité. Sa libéralité était bien entendue, et n'avait de bornes que celles de la prudence. *Qu'on me montre*, écrivait-il, *un homme qui se soit appauvri par ses bienfaits! les miens m'ont toujours enrichi, malgré mon peu d'économie. Donnons donc à tout le monde, plus libéralement aux gens de bien, mais sans refuser le nécessaire à personne, pas même à notre ennemi ; car ce n'est pas aux mœurs, ni au caractère, c'est à l'homme que nous donnons.*

La clémence fut aussi une de ses vertus. Ceux qui s'étaient déclarés contre lui quand il était simple particulier, n'eurent qu'à se louer de son indulgence lorsqu'il fut parvenu à l'empire. Il avait témoigné publiquement son mécontentement contre un magistrat nommé *Thalassus* : aussitôt les ennemis de ce magistrat, et ceux qui plaidaient contre lui, vinrent s'en plaindre devant Julien. L'empereur craignant qu'on n'abusât de la disgrace d'un malheureux, répondit : *J'avoue que votre ennemi est aussi le mien ; mais c'est précisément ce qui doit suspendre vos poursuites contre lui, jusqu'à ce qu'il m'ait satisfait : je mérite bien la préférence.* Quelque temps après il lui rendit ses bonnes graces. Pendant son séjour à Antioche, étant sorti de son palais pour aller sacrifier sur le mont Cassius, un homme vint embrasser ses genoux, et le supplier humblement de lui accorder la vie. Il demanda qui c'était. C'est, lui répondit-on, *Théodote*, ci-devant chef du conseil d'Hiéraple. Et quelqu'un ajouta méchamment : En reconduisant Constance, qui se préparait à vous attaquer, il le complimentait par avance sur la victoire, et le conjurait, avec des gémissemens et des larmes, d'envoyer promptement à Hiéraple la tête de ce rebelle, de cet ingrat ; c'est ainsi qu'il vous appelait. *Je savais tout cela il y a long-temps*, répondit l'empereur ; puis, adressant la parole à Théodote qui attendait son arrêt de mort : *Retournez chez vous sans rien craindre; vous vivez sous un prince qui cherche de tout son cœur à diminuer le nombre de ses ennemis, et à augmenter celui de ses amis.*

Les délateurs n'eurent aucun accès auprès de lui. Un de ces misérables vint accuser devant lui un citoyen, qui, suivant son accusation, prétendait à l'empire.

Julien ne l'écouta pas. L'accusateur se présentant de nouveau, le prince lui demanda : *Quelle est la condition du coupable que vous dénoncez?* C'est, dit-il, un riche bourgeois. *Quelle preuve avez-vous contre lui?* ajouta l'empereur en souriant. Il se fait faire un habit de soie couleur de pourpre : *En voilà assez*, interrompit Julien ; puis, appelant son trésorier : *Faites*, dit-il, *donner à ce dangereux babillard une chaussure couleur pourpre, afin qu'il la porte à celui qu'il accuse, pour assortir son habit.*

Si l'on ne peut pas raisonnablement reprocher à Julien son changement de religion, puisqu'il est à croire qu'il agissait suivant sa conscience, on doit au moins le blâmer d'avoir traité la religion qu'il quittait avec trop de mépris. Il ne persécuta cependant point les chrétiens, mais il leur enleva une partie des richesses que Constantin avait données à leurs églises, pour payer ses armées. Il disait en raillant, qu'*il voulait faire pratiquer aux chrétiens la pauvreté évangélique*. Ce mot annonce que le clergé recherchait déjà ce luxe qui, par la suite, l'a entièrement déshonoré, en le présentant dans une situation tout-à-fait contraire à celle que recommande le christianisme. Les prêtres montrèrent contre ce prince un acharnement qui doit être un crime dans une religion qui ordonne l'oubli des injures. Un certain *Mâris*, évêque de Chalcédoine, qui était aveugle, osa dire à l'empereur; Je loue le Seigneur d'être privé de la vue, pour n'avoir point les yeux souillés par la présence d'un apostat tel que toi. Julien se contenta de le plaindre, et le laissa vomir en paix ses injures. Ses ennemis, qui ne peuvent lui pardonner même ses vertus, disent que sa clémence n'était qu'une affectation. Cependant, loin de songer à persécuter les chrétiens, il défendit très-expressément qu'on les tourmentât. Un de ses oncles, nommé comme lui *Julien*, ayant fait fermer les églises d'Antioche, et mourir un prêtre appelé *Théodoret*, l'empereur lui fit de très-vifs reproches. *Est-ce ainsi*, lui dit-il, *que vous entrez dans mes vues? Tandis que je travaille à ramener les Galiléens par la raison*, *vous faites des martyrs sous mon règne et sous mes yeux ! Ils vont me flétrir comme ils ont flétri leurs plus odieux persécuteurs. Je vous défends d'ôter la vie à personne pour cause de religion, et vous charge de faire savoir aux autres ma volonté.* C'est ainsi qu'il affectait d'être clément. Mais, si le reproche de ses ennemis était fondé, on ne devrait pas moins le louer d'avoir *affecté* une vertu qui fut si utile à l'humanité.

On rapporte sérieusement un conte dont il faut bien, en passant, donner une idée. Julien, dit-on, avait tellement pris à tâche de faire mentir toutes les prophéties des chrétiens, qu'il entreprit de rebâtir Jérusalem, et qu'il avait déjà réuni sur ses ruines un grand nombre de Juifs; mais quand il fut question de creuser les fondemens, il sortit tout-à-coup de terre des tourbillons de flamme qui consumèrent les ouvriers et l'ouvrage commencé. Ce fut en vain qu'on s'opiniâtra à continuer les travaux ; tous les maçons qui y mirent la main furent punis de mort. Il y eut nombre de témoins de ce fait, et leur témoignage est à coup sûr irrécusable. On le rapporte, et il faut bien abjurer sa raison pour y croire. N'est-il pas honteux que, de notre temps, il se trouve encore des gens assez bornés, ou assez ennemis du bon sens, pour placer dans l'histoire de pareilles fables? Quand on veut calomnier, il faut au moins imaginer des mensonges vraisemblables. Les écrivains chrétiens qui ont parlé de Julien ont montré tant de passion, qu'ils n'ont rendu méprisables qu'eux-mêmes. Il est à croire que si l'empereur abandonna le projet de rebâtir Jérusalem, qui n'était nullement criminel, et que s'il ne put réunir les restes dispersés d'un peuple trop malheureux, action très-louable dans un prince, c'est que la guerre qu'il avait besoin d'entreprendre contre les Perses, pour venger l'empire romain, attira toute son attention, et l'empêcha de s'occuper de desseins moins importans. Ce fut en poursuivant cette guerre qu'il reçut un coup mortel, qui l'enleva beaucoup trop tôt pour l'avantage de l'empire. Ses sots calomniateurs n'ont pas manqué d'inventer une nouvelle fable, pour le faire mourir comme ils avancent qu'il a vécu : ils disent que, dès qu'il se sentit blessé, il prit du sang dans sa main, et le jeta vers le ciel en disant : *Tu as vaincu, Galiléen !* (c'est ainsi qu'il nommait Jésus-Christ.) Une semblable action serait tout au plus vraisemblable dans un maniaque qui aurait tenté de méconnaître la divinité du Christ pendant sa vie, et l'avouerait avec une sorte de rage à sa mort.

Julien supporta au contraire les approches de la mort avec un calme vraiment philosophique, et qui fait croire que sa conscience était aussi tranquille que son cœur était pur. *Je me soumets*, dit-il, *avec joie aux décrets éternels, convaincu que celui qui est attaché à la vie, quand il faut mourir, est plus lâche que celui qui voudrait mourir quand il faut vivre. Ma vie a été courte, mais mes jours ont été pleins. La mort, qui est un mal pour les méchans, est un bien pour l'homme vertueux ; c'est une dette qu'un sage doit payer sans murmure. J'ai été particulier et empereur ; et, dans ma vie privée et sur le trône, je n'ai rien fait, je pense, dont j'aie lieu de me repentir.* Il employa ses derniers momens à s'entretenir avec le philosophe *Maxime*, sur la noblesse de l'ame et sur son immortalité. C'est ainsi qu'il atteignit le dernier moment, à l'âge de trente-deux ans, le 27 juin 363. On lui fit une épitaphe dont le sens est : *Ci gît* JULIEN, *qui perdit la vie sur le bord du Tigre, après avoir été excellent roi et vaillant guerrier.* Il fut béni par tous les honnêtes gens, et maudit par une partie de la populace, qui ne connaît guère d'autres vertus que ses préjugés.

Julien était chaste, et ne négligeait rien pour maintenir ses mœurs dans leur pureté. *La chasteté*, disait-il, *est pour les mœurs ce qu'est la tête pour une belle statue. L'incontinence suffit pour gâter la plus belle vie.* Dans la guerre qu'il fit aux Perses, il ne voulut voir aucune des vierges captives dont on lui avait vanté les charmes.

Sa sobriété mérite la même louange. Dans la même expédition, ayant apperçu à la suite de l'armée plusieurs chameaux chargés de vins exquis, il défendit aux chameliers de passer outre. Emportez, leur dit-il, ces sources empoisonnées de volupté et de débauche : un soldat ne doit pas boire de vin s'il ne l'a pris sur l'ennemi, et moi-même je veux vivre en soldat.

Julien avait de l'esprit et des connaissances : il nous reste de lui plusieurs ouvrages qui ne sont pas à dédaigner ; des *Harangues*, une *Satire des Césars*, une autre satire contre les habitans d'Antioche, intitulée, *Misopognon*.

Tel fut cet empereur, que la haîne et le fanatisme ont pris plaisir à noircir : il tâcha d'avoir toutes les vertus qui honorent l'homme, et ne reçut pour prix que le titre odieux d'*apostat*.

BÉLISAIRE,

CÉLÈBRE GÉNÉRAL,

sous l'empereur Justinien.

BÉLISAIRE se distingua sous le règne de Justinien, et devint général. Il termina heureusement la guerre contre *Cabades*, roi de Perse, par un traité de paix conclu en 531. L'année suivante, il commanda l'armée navale destinée à la conquête d'Afrique, composée de cinq cents vaisseaux, prit Carthage, soumit *Gilimer* qui avait usurpé la couronne des Vandales, et remit l'Afrique à l'empire. Il obtint les honneurs du triomphe, et entra dans Constantinople, amenant après lui Gilimer qui était tombé entre ses mains. Justinien ayant résolu de délivrer l'Italie de la tyrannie des Goths, Bélisaire passa en Sicile, en 535, prit Catane, Syracuse, Palerme, etc. assiégea Naples, l'emporta, marcha sur Rome, et y entra en 536. Les

Goths ayant fait mourir *Théodat*, leur roi, *Vitigès* se mit sur le trône, et alla assiéger Rome. Bélisaire le vainquit, l'obligea de se renfermer dans Ravenne, où il le prit. Les Goths offrirent alors la couronne à Bélisaire; mais ce guerrier, fidèle à son prince, et satisfait de la gloire qu'il avait acquise, refusa l'offre brillante qu'on lui faisait, et conduisit Vitigès à Constantinople. Sa réputation était alors aussi étendue qu'il pouvait le desirer : il était regardé comme le soutien et l'honneur de l'empire; il n'était personne qui n'eût entendu parler de lui, et personne qui ne le louât. On fit frapper des médailles, dont on voit encore quelques-unes, représentant d'un côté Justinien recevant Bélisaire ayant triomphé des Goths; et de l'autre, la figure de Bélisaire avec cette légende : *Bélisaire, la gloire des Romains*.

Il resta peu de temps à Constantinople; il fut obligé de partir pour marcher encore une fois contre les Perses, qu'il mit en fuite. Il revint ensuite en Italie, pour en chasser les Goths qui avaient mis *Totila* à leur tête. Ces barbares allaient détruire Rome:

Bélisaire les en empêcha en la reprenant sur eux, et la fit réparer. Dans sa vieillesse, il prit encore les armes pour chasser les Huns qui avaient fait une irruption dans l'empire. Ainsi sa vie fut une suite de travaux et de succès militaires, et chacune de ses victoires fut un service essentiel rendu à la patrie. Il avait sans doute le droit d'achever ses jours en paix; mais les courtisans jaloux l'accusèrent, en 561, auprès de Justinien, d'avoir voulu s'emparer du trône. L'empereur était vieux et méfiant; il oublia le désintéressement héroïque que Bélisaire avait montré, et le crut coupable; il lui ôta ses dignités, ses gardes, sa fortune, et l'accabla de tant de mauvais traitemens, que ce grand homme mourut de douleur. Quelques historiens ajoutent que l'empereur lui fit crever les yeux, et que ce général, qui avait triomphé de plusieurs rois, avait agrandi l'empire et assuré sa tranquillité, fut obligé de demander l'aumône pour fournir à sa subsistance: d'autres écrivains révoquent en doute ce fait, ou le passent sous silence. Quelques-uns même prétendent qu'il fut, un an après sa disgrace, rétabli dans ses biens et ses dignités. Il serait à desirer que ces derniers eussent dit la vérité.

MAHOMET,

TRÈS-CÉLÈBRE IMPOSTEUR,

Né l'an 569 ou 570, et mort en 632.

S'IL est un véritable sujet d'humiliation pour les hommes, c'est sans doute le récit des actions de ces hardis imposteurs qui ont parlé au nom de la Divinité, et qui ont été crus. C'est réellement une chose étonnante que la faiblesse de l'esprit humain. Un homme éclairé par la raison, mais qui manquerait d'une certaine expérience du monde, si ces deux choses pouvaient être réunies, n'imaginerait jamais jusqu'à quel point les hommes peuvent faire abnégation du plus simple bon sens ; il ne pourrait croire qu'un charlatan, souvent très-maladroit, osât se dire envoyé du Dieu qui créa l'univers; osât, ce qui est un sacrilége plus horrible, se faire passer pour Dieu lui-même, et qu'il se trouvât non-seulement quelques dupes, mais des nations entières pour croire à sa parole, affirmer qu'il a dit la vérité, et suivre à la lettre toutes les cérémonies bizarres qu'il leur aura ordonnées. Voilà cependant le phénomène journalier, et toujours étonnant aux yeux du philosophe, que présentent les fondateurs de religions et de sectes religieuses. Mahomet va nous en offrir un modèle des plus remarquables.

Ce fut à la Mecque, l'an 569 ou 570, que naquit ce fameux imposteur. Sa naissance dut nécessairement être accompagnée de prodiges : un prophète ne vient pas au monde comme les autres hommes. Quoiqu'il en soit de tous ces miracles, il n'en resta pas moins jusqu'à l'âge de quarante ans dans l'obscurité. On rapporte qu'*Éminah*, sa mère, était veuve depuis dix mois quand elle accoucha de lui. Cet enfant, qui devait devenir un homme extraordinaire, vécut parmi les chameliers et les chameaux, sans que personne songeât à lui et soupçonnât le rôle qu'il devait jouer : lui-même n'y pensait pas encore. A vingt ans il s'engagea dans les caravanes qui négociaient de la Mecque à Damas. Ses voyages ne firent rien pour sa fortune, mais beaucoup pour son esprit et son imagination.

La veuve d'un riche marchand de la Mecque ayant remarqué son intelligence, le choisit pour conduire son commerce. Elle se prit ensuite de passion pour lui, et l'épousa trois ans après qu'il eut été admis dans sa maison. Ce fut là le commencement de sa fortune ; il était alors à la fleur de son âge, dans ce moment où l'ambition tourmente les hommes avec plus de force. Celle qui s'empara de lui n'eut rien que d'extraordinaire. Il serait difficile de savoir si dès le commencement il porta sa pensée jusqu'au point de puissance qu'il obtint par la suite : il est plutôt à croire qu'il songea d'abord à se distinguer en se faisant passer pour un homme inspiré, et qu'ayant vu sa première tentative si bien réussir, il étendit ses desseins plus loin, et ne profita de la sotte crédulité des hommes, qu'à mesure qu'il l'essaya. Le projet de parler au nom de Dieu semble, au premier abord, aussi extravagant qu'impossible à exécuter; mais Mahomet avait étudié les hommes; il savait combien le merveilleux, quelque grossier qu'il soit, a d'empire sur eux: s'il se fût avisé de parler raison, il eût trouvé tout le monde contraire à ses vues; il dit des choses absurdes qu'il mêla à la morale de toutes les nations, et ceux qui l'entendirent furent subjugués.

Ce projet de fonder une religion nouvelle et de s'assujétir ses semblables par ce moyen, montre dans Mahomet un de ces esprits supérieurs qui ne voient dans les autres que des instrumens aveugles qu'on met facilement en jeu, quand on a su trouver la passion qui doit les faire agir. La superstition et l'ignorance qui régnaient alors furent les bases sur lesquelles l'imposteur fonda ses succès. Aujourd'hui, dans ce siècle que nous appelons avec tant de faste celui *des lumières*, s'il s'élevait un nouveau fourbe, il trouverait encore assez de sots pour le rendre redoutable.

Nous en avons eu plusieurs preuves. Il est des maladies dont le genre humain ne guérira jamais ; et la superstition est une de ces maladies incurables.

Mahomet avait remarqué, dans ses voyages en Égypte, en Palestine, en Syrie et ailleurs, une infinité de sectes qui se déchiraient mutuellement ; il crut pouvoir les réunir, en inventant une nouvelle religion qui eût quelque chose de commun avec toutes celles qu'il voulait détruire. C'était-là un coup de maître : s'il eût prétendu imaginer une chose absolument nouvelle, il se fût trouvé trop loin des idées déjà reçues, et n'eût peut-être point réussi. Il avait quarante ans quand il commença à se donner pour prophète. Il feignit des révélations ; il parla en inspiré : on prétend que sa femme fut la première qu'il persuada. Cela n'est pas probable : le proverbe *on n'est jamais prophète chez soi*, est vrai à la lettre ; on ne peut jamais regarder comme un être extraordinaire l'homme qu'on a eu sous les yeux pendant long-temps, et en qui on a remarqué toutes les faiblesses de l'humanité : il est plutôt à croire que Mahomet commença par séduire sa femme en lui faisant part de ses vastes projets; il persuada ensuite huit autres personnes : ces huit persuadés suffirent pour faire un grand nombre d'autres prosélytes; en moins de trois ans il eut cinquante disciples entièrement dévoués. Les commencemens, en pareilles matières, sont difficiles; mais le ruisseau qui a d'abord eu tant de peine à se frayer une route, devient, en peu de temps, un torrent qu'on ne peut plus arrêter. Cet imposteur avait de fréquentes attaques d'épilepsie; il fit passer ces accès, aux yeux de ses crédules prosélytes, pour le temps que Dieu destinait à l'instruire, et ses convulsions pour l'effet des vives impressions de la gloire du ministre que la Divinité lui envoyait. Ce ministre était l'ange Gabriel. Il supposa toutes les révélations qu'il lui plut, et commença à se faire écouter par la multitude.

Cependant les magistrats qui virent en lui un homme dangereux, et les prêtres qui craignirent pour leurs autels et leur avantage, s'élevèrent contre lui. Mahomet était encore trop faible pour résister; il fut obligé de fuir de la Mecque, et se retira à Médine. Cette fuite devint la source de sa plus grande gloire; elle lui donna une importance qu'il n'avait pas encore; beaucoup de gens s'occupèrent de lui pour cette raison; la renommée grossit tout ce qu'on savait et tout ce qu'on disait de lui; il finit par passer pour un homme effectivement divin. Cette fuite, que l'on nomme *Hégire*, servit d'époque pour compter par la suite les années; elle eut lieu le 16 juillet 622.

Mahomet, voyant les disciples accourir de toutes parts, changea de marche, et ne s'amusa plus seulement à prêcher et à faire parade de ses convulsions; il forma des armées de ses plus fanatiques partisans, défendit de disputer sur ce qu'il annonçait, et ordonna de répondre par l'épée aux objections. Cette manière lui parut plus convaincante, et le fut en effet. Les Juifs arabes, qui se montrèrent les plus opiniâtres, furent ses premières victimes; il s'empara de leur place forte, en fit mourir un grand nombre, et vendit les autres comme des animaux. La victoire qu'il remporta en 627, fut suivie d'un traité qui lui procura un libre accès à la Mecque. Ce fut la ville qu'il choisit pour le lieu où ses sectateurs feraient dans la suite leur pélerinage. Trop fort alors pour avoir rien à craindre, il ajouta le titre de roi à celui de chef de religion; et, montrant du mépris pour le traité même qu'il avait juré auparavant, il mit le siége devant la Mecque, l'emporta, et ne laissa aux habitans d'autre choix que sa religion ou la mort. La crainte fit naturellement un grand nombre de prosélytes; ceux qui résistèrent furent massacrés sans pitié. Maître de l'Arabie, et redoutable à tous ses voisins, il se crut assez fort pour étendre ses conquêtes et sa religion chez les Grecs et chez les Perses. Il commença par attaquer la Syrie, soumise alors à l'empereur *Héraclius*, lui prit quelques villes, et rendit tributaires les princes de Daunca et de Deyla. Ce fut par ces exploits qu'il termina les guerres où il avait commandé en personne. Ses généraux, aussi heureux que lui, accrurent ses conquêtes, et lui soumirent le pays à quatre cents lieues de Médine, tant au levant qu'au midi.

Enfin, le moment où cet imposteur devait terminer sa carrière était arrivé. Depuis long-temps il se ressentait d'un poison qu'une femme juive lui avait donné dans une épaule de mouton, pour éprouver s'il était réellement prophète. Il ne s'en était apperçu qu'après avoir eu mangé un morceau de cette viande empoisonnée. Le poison le mina insensiblement, et l'emporta dans une attaque violente de fièvre, à la soixante-deuxième année de son âge, onze ans après sa fuite, et après en avoir passé vingt-trois à jouer le rôle de prophète.

A peine fut-il mort, que ses disciples se divisèrent d'opinion entre eux, pour savoir s'il était réellement mort ou s'il avait été enlevé au ciel. *Omar*, l'un de ses lieutenans, était de cette dernière opinion, et la soutenait, suivant les principes de son maître, le sabre à la main. *Abubeker* lui prouva par le fait, que le

prophète

prophète était mort, et par quelques passages de l'*Alcoran*, qu'il devait mourir. On enterra Mahomet dans la chambre même où il avait expiré. Son tombeau, qui est une urne de pierre, se voit maintenant dans une chapelle où personne ne peut entrer, à cause de gros barreaux de fer qui en empêchent. C'est une erreur populaire de croire que ce tombeau est un coffre de fer suspendu au haut de la grande mosquée de Médine, au moyen d'une ou plusieurs pierres d'aimant.

Mahomet a renfermé toute sa religion dans un recueil d'environ six mille mauvais vers, qu'on nomme *Coran* ou *Alcoran*. Les points principaux de cette religion sont : de croire en un seul Dieu créateur universel, tout puissant, qui connaît toutes choses, récompense la vertu et punit le vice, et qui a envoyé son prophète Mahomet pour retirer les peuples de l'idolâtrie. La circoncision, les ablutions, l'abstinence du vin, des liqueurs fortes, du sang, de la chair de porc, le jeûne du Ramadan, la prière cinq fois le jour, et la sanctification du vendredi, sont les pratiques extérieures de cette religion. Il proposa pour récompense à ceux qui la suivraient, un lieu de délices où l'ame serait enivrée de tous les plaisirs spirituels, et où le corps, ressuscité avec ses sens, goûterait par ces sens mêmes toutes les voluptés qui lui sont propres. On doit y trouver un nombre infini de femmes plus belles qu'il n'est permis à l'imagination de se les figurer. Dans cette religion, les femmes sont moins considérées comme une partie du genre humain, que comme des êtres subalternes, créés seulement pour l'avantage des hommes. Ceux-ci, par les lois de Mahomet, peuvent avoir plusieurs femmes, les battre quand elles ne veulent point leur obéir, et les répudier si elles viennent à déplaire. Les femmes n'ont pas le même droit, et il ne leur est permis que de se remarier deux fois; si elles sont répudiées une troisième, et que leur premier mari ne veuille point les reprendre, elles renoncent au mariage pour toute leur vie. Du reste, elles sont obligées de vivre très-retirées, et de se voiler avec le plus grand soin quand elles doivent paraître devant les hommes.

CHARLEMAGNE,

L'UN DES PLUS GRANDS ROIS DE FRANCE,

Né en 742, et mort en 814.

VOICI sans contredit le plus grand de nos rois, celui qui fit le plus de choses, et qui, par la seule force de son génie, s'éleva tellement au-dessus de son siècle, qu'il paraît encore aujourd'hui comme un colosse. Ce fut près de Mayence qu'il naquit, l'an 742. *Pépin*, son père, après avoir fait renfermer dans un cloître le dernier roi de la première race, s'empara du royaume, et le gouverna si sagement qu'il le laissa assuré et en pleine paix à ses deux fils. *Carloman* étant mort peu de temps après Pépin, Charlemagne fut déclaré seul roi de France et d'Allemagne.

« *Didier*, roi des Lombards, pour s'attacher un jeune héros dont il redoutait l'ambition, offrit sa fille en mariage à Charlemagne. Des intérêts politiques faisaient desirer de part et d'autre cette alliance. Le Français était déjà marié, mais on se faisait à peine scrupule d'un divorce. Le pape *Etienne IV*, sentant combien l'union des Lombards avec la France serait dangereuse pour lui, traversa tant qu'il put la négociation. Il représenta en vain les Lombards comme une nation maudite, *dont les enfans naissaient avec la lèpre ;* supposant que l'alliance projetée devait paraître infâme à quiconque avait une lueur de raison ; traitant avec le dernier mépris une maison royale dont les droits avaient été reconnus par les pontifes, et déclarant que si quelqu'un osait contrevenir à sa lettre, il était anathématisé par saint Pierre, et serait damné avec les démons. Malgré ses instances, le mariage fut conclu.... Un an après Charlemagne répudia sa nouvelle femme. Didier, extrêmement sensible à cet affront, n'oublia rien pour s'en venger. *Adrien I*, successeur d'Étienne, n'ayant pas voulu seconder ses vues, la guerre recommença entre les Romains et les Lombards. On appelle Charlemagne au secours de Rome. Malgré la répugnance des Français pour les expéditions d'Italie, il passe les monts, se rend maître de Pavie, la capitale des ennemis, après un siége de dix mois, détrône le roi des Lombards, confirme les donations de Pépin en faveur des pontifes, et se contente d'avoir le pape pour vassal. Adrien le reconnaît pour patrice des Romains et roi d'Italie..., et lui accorde le droit d'ordonner de l'élection des souverains pontifes, et de la confirmer... Les papes, devenus plus puissans, s'arrogèrent insensiblement le droit de nommer eux-mêmes à l'empire. »

» Les Saxons, souvent assujétis au tribut, toujours disposés à la révolte, ouvraient une autre carrière aux exploits de Charlemagne. Ce peuple païen occupait la Germanie septentrionale : Charlemagne n'espérant fléchir que par le christianisme leur indomptable férocité, avait grand soin de leur faire prêcher la religion ; sage politique, s'il n'avait pas employé la violence avec le zèle des missionnaires. Plusieurs de ces barbares se laissaient baptiser pour éviter la mort ou l'esclavage. De pareils chrétiens devenaient bientôt parjures et rebelles. Il fallait continuellement les poursuivre les armes à la main. Le roi en fit un jour massacrer plus de quatre mille qui lui demandaient grace. Ce terrible exemple ne servit qu'à augmenter leur révolte. Leur fameux général *Witikind* ranimait sans cesse le courage d'un peuple désespéré. Après de sanglantes défaites, il céda enfin aux invitations de Charlemagne ; il reçut le baptême, et retint quelques années la nation dans le devoir. Mais les Saxons n'imitèrent point la fidélité de Witikind. Le vainqueur, pour les dompter entièrement, fut contraint de les arracher de leur pays, et de les disperser en Suisse et en Flandre. Ses guerres contre les Saxons durèrent trente-trois ans. Il ne laissa pas, dans cet intervalle, de faire une infinité d'autres actions glorieuses : celle d'Espagne, où il alla combattre pour des Sarrasins contre d'autres Sarrasins, est moins célèbre par ses conquêtes que par la défaite de son arrière-garde à Ronceveaux. Il y perdit *Roland*, son neveu, ce héros des fables de l'archevêque Turpin et de l'Arioste. »

» En voyant Charlemagne passer rapidement d'un bout de l'Europe à l'autre, toujours armé pour soumettre des rebelles, ou pour agrandir ses états, on s'imagine qu'il ne pouvait vaquer aux soins du gouvernement ; mais son génie s'étendait à tout. Il ne se délassait des fatigues de la guerre qu'en s'occupant des moyens de faire fleurir le royaume. Les expéditions, les voyages se faisaient pendant l'été et l'automne; l'hiver et le printemps il demeurait presque toujours à Aix-la-Chapelle. Deux fois l'an il y tenait, ou ailleurs, l'assemblée générale de la nation. Quelques membres du tiers-état y entraient avec les seigneurs et les évêques. Là, en bon prince, il laissait délibérer sur les affaires, il prenait les avis, il conciliait les intérêts différens, il réglait les affaires de l'église et du royaume par des lois approuvées de tous les ordres. »

» Un de ses plus fameux établissemens, est celui des écoles pour enseigner la grammaire, l'arithmétique et le chant ecclésiastique. Chaque monastère, chaque maison épiscopale en devait avoir une. L'ignorance alors était si prodigieuse, qu'on exigeait des prêtres, comme une chose peu commune, qu'ils pussent entendre l'oraison dominicale. Le goût pour les sciences aurait éclairé la nation dans un siècle moins rempli d'erreurs. *Alcuin*, célèbre moine anglais, à qui il donna quatre des plus riches abbayes, serait aujourd'hui peu estimé; car on trouve parmi ses ouvrages une *Vie de l'Antéchrist*: il était alors un prodige. Charlemagne, par son conseil, forma une espèce d'académie, dont il voulut bien être membre sous le nom de *David*. Les académiciens portaient tous un nom emprunté, l'un de l'Ecriture, l'autre de la Fable. Cet établissement informe était plus admirable peut-être que celui de l'académie française sous le ministère de *Richelieu*, si l'on en juge par la difficulté de sentir les avantages de l'étude au sein de la barbarie. Un projet de joindre l'Océan au Pont-Euxin, par un canal de communication entre le Rhin et le Danube, prouve la grandeur du génie de Charlemagne : cette entreprise n'échoua que parce qu'on ignorait bien des choses nécessaires à l'exécution. » *(Millot.)*

Ses lois sur les matières tant civiles qu'ecclésiastiques, sont admirables pour le temps où elles furent faites. Il ordonna que les poids et mesures seraient mis par tout son empire sur un pied égal. Il régla le prix des étoffes et l'habillement de ses sujets sur leur état et sur leur rang. Il rétablit l'usage de compter par livres, sous et deniers, à-peu-près comme on faisait avant les dernières lois sur les monnaies, avec cette différence que la livre était non-seulement numérique, mais réelle ; c'est-à-dire qu'une livre de compte était réputée le poids d'une livre d'argent de douze onces. Le recueil de ses lois, que nous avons, se nomme les *Capitulaires* ; Louis XIV en fit revivre une partie. On ne peut reprocher à Charlemagne quelques lois ridicules qui se trouvent dans le nombre ; il eût été plus qu'un homme s'il eût été entièrement raisonnable dans un siècle aussi barbare, et sous le règne de la crédulité la plus grossière : il dut un tribut à l'ignorance de son temps. On le voit cependant s'élever souvent au-dessus des préjugés qui aveuglaient alors tout le monde : quoiqu'il eût toutes les superstitions de ses contemporains, et qu'il avantageât trop les prêtres, il ne leur céda cependant jamais en ce qui blessait la justice, et il ne ferma pas tant les yeux qu'il ne vît bien leurs pieux artifices pour acquérir des richesses ; il les leur reproche même assez fortement dans un mémoire qu'il composa en 811, pour l'assemblée nationale.

« On demandera, dit-il, aux ecclésiastiques, si c'est avoir renoncé au monde que d'augmenter chaque jour ses biens par toutes sortes d'artifices, *en promettant le paradis et menaçant de l'enfer*, en se servant du *nom de Dieu ou de celui de quelque saint*, pour dépouiller le riche et le pauvre *qui ont la simplicité de se laisser surprendre*, et pour priver de leurs biens les héritiers légitimes, qui par-là, se voyant réduits à la mendicité, deviennent nécessairement voleurs. » Un roi qui parlait ainsi au commencement du neuvième siècle, au milieu de l'Europe superstitieuse, n'était pas un homme ordinaire. Il ne crut pas que les églises devaient être des asyles inviolables où les scélérats pouvaient trouver sûreté et impunité : pour ménager cependant les opinions reçues, il défendit qu'on fît violence à ceux qui s'y seraient retirés, et ordonna que des gens de bien iraient prendre les coupables et les conduiraient devant les juges. Il fixa l'âge de vingt-cinq ans pour la profession religieuse à l'égard des filles; les hommes devaient avoir la permission du prince. Il défendit de toucher de l'argent pour la réception des moines, d'enterrer dans les églises, d'exercer aucune divination, et même le sort des saints, de faire l'aumône aux mendians qui peuvent travailler ; chaque canton devait nourrir ses pauvres ; et la mendicité, l'opprobre des nations polies, fut sagement interdite. Que de lois sages négligées depuis ! Le bonheur de ses peuples l'intéressait vivement : il envoya dans les provinces des officiers chargés d'éclairer la conduite des gens en place, de veiller à l'administration de la justice, de recevoir les plaintes des peuples, et de les porter jusqu'au trône. Ces officiers s'appelaient *envoyés royaux*. Ils avaient chacun leur département, et devaient s'y rendre quatre fois l'année. Ainsi le souverain avait l'œil sur la vaste étendue de son empire. Ses représentans lui rendaient compte de tout, parce qu'il voulait tout connaître. « Il mit, dit Montesquieu, une règle admirable dans sa dépense; il fit valoir ses domaines avec sagesse, avec attention, avec économie... On voit, dans ses Capitulaires, la source pure et sacrée d'où il tira ses richesses. Je n'en dirai qu'un mot. Il ordonnait qu'on vendît les œufs de ses basse-cours, et les herbes inutiles de ses jardins; et il avait distribué à ses peuples toutes les richesses des Lombards et les immenses trésors de ces Huns qui avaient dépouillé l'univers. » Reprenons le fil de ses conquêtes et de ses prospérités.

« Déjà maître d'une partie de l'autorité impériale, le roi de France pouvait ambitionner un titre que les Grecs soutenaient avec tant de faiblesse. Il eut le bonheur d'y parvenir sans paraître le rechercher. Comme patrice de Rome, il avait reçu du pape Léon III une lettre d'hommage, telle qu'un vassal devait l'écrire. Quelque temps après Léon, maltraité par des scélérats, eut recours à sa protection. Charlemagne passe en Italie; le pape lui envoie les étendards de la ville, fait chanter sur les chemins des cantiques en son honneur, l'attend avec son clergé à la porte de l'église, et le reçoit comme son protecteur et son souverain. Ils restent plusieurs jours ensemble, occupés sans doute à concerter leurs mesures; ensuite Léon se purge par un serment public des accusations dont le chargeaient ses ennemis. Le jour de Noël, Charles se rend à l'église de Saint-Pierre, revêtu de son manteau de patrice. Tout-à-coup le pape, qui allait dire la messe, s'approche et lui met une couronne sur la tête. Le peuple s'écrie en même temps: *Vive Charles-Auguste, empereur des Romains, couronné de la main de Dieu!* Léon se prosterne, lui déclare qu'il n'est plus patrice, mais empereur; et le peuple confirme, par ses vives acclamations, le choix du pontife qu'il venait de faire. »

Charles songea aussitôt à s'emparer de ce que les empereurs de Constantinople conservaient en Italie. L'impératrice *Irène*, craignant de l'avoir pour ennemi, envoya proposer au nouvel empereur de l'épouser. Il y trouvait aussi son avantage. Tout était conclu lorsqu'Irène fut détrônée par *Nicéphore*. Celui-ci sentait de même la nécessité de s'accommoder avec ce terrible conquérant, et lui fit des propositions de paix. Les ambassadeurs de Nicéphore trouvèrent Charles en Alsace, dans son palais de Seltz. Ce prince crut devoir leur donner une idée de la magnificence de l'empire, d'autant plus qu'il avait eu à se plaindre de l'arrogance des Orientaux, qui regardaient les Occidentaux comme des barbares. Il voulut qu'on les introduisît à son audience d'une manière qui leur causât autant de surprise que d'embarras. On les fit passer par quatre grandes salles magnifiquement ornées; où l'on avait distribué les officiers de la maison de l'empereur, tous richement vêtus, tous dans une contenance respectueuse, et debout devant celui des seigneurs qui les commandait. Dès la première, où était le connétable assis sur un trône, les ambassadeurs allaient se prosterner : on les en empêcha, en leur représentant que ce n'était qu'un officier de la couronne. Même erreur dans la seconde, où ils trouvèrent le comte du palais avec une cour encore plus brillante. La troisième, où était le maître de la table du roi, et la quatrième où présidait le grand chambellan, en redoublant leur incertitude, donnèrent lieu à de nouvelles méprises, le degré de magnificence augmentant de salle en salle. Enfin deux seigneurs vinrent les prendre, et les introduisirent dans l'appartement de l'empereur. Le monarque, tout éclatant d'or et de pierreries, était debout au milieu des rois ses enfans, des princesses ses filles, et d'un grand nombre de ducs et de prélats, avec lesquels il s'entretenait familièrement. Il avait la main appuyée sur l'épaule de l'évêque *Hetton*, pour lequel il affecta d'autant plus de considération, qu'il avait essuyé plus de mépris dans son ambassade à la cour de Constantinople. Les ambassadeurs, saisis de crainte, se jetèrent à ses pieds. Il s'apperçut de leur embarras, les releva avec bonté, et les rassura en leur disant qu'Hetton leur pardonnait, et que lui-même, à la prière du prélat, voulait bien oublier ce qui s'était passé. Un traité avantageux fut le prix de ce magnifique étalage, dont le récit peut donner une idée des mœurs du temps. On convint que le titre d'empereur d'Orient resterait à Nicéphore, et celui d'empereur d'Occident à Charlemagne; on régla les limites de leurs possessions en Italie, où les Grecs conservèrent peu de chose. Ainsi se forma un nouvel empire encore subsistant, mais détaché depuis plusieurs siècles de la monarchie française.

« La réputation de Charlemagne pénétra jusqu'au calife *Aaron-al-Raschid*, célèbre comme lui par ses victoires et par son amour pour les sciences. Deux ambassades que lui envoya ce calife, maître de la Perse, devaient paraître plus honorables que les tributs des peuples subjugués. On admira sur-tout parmi ses présens, une horloge sonnante, la première qui ait été vue en France, tant les Arabes étaient supérieurs en industrie aux Français! ils cultivaient l'astronomie, la médecine, la chimie, lorsqu'à peine nous savions lire...»

« Après avoir vaincu les Sarrasins, dompté les Saxons, conquis l'Italie sur les Lombards, la Bavière sur Tassillon, son dernier duc, l'Autriche et la Hongrie sur les Arabes ou les Huns, qui s'étaient enrichis par le pillage de Rome; après avoir obtenu l'empire par le suffrage des Romains, il ne manquait au bonheur de Charlemagne que d'assurer celui de ses enfans. Depuis long-temps il avait établi Pépin roi d'Italie; Louis, roi d'Aquitaine; Charles, l'aîné des trois, duc du Maine : Pépin le bossu, l'aîné de tous, mais fils d'une concubine, avait été rasé en punition d'une révolte. Pour étouffer toute semence de division entre eux, il fit son testament, et le communiqua aux seigneurs. En cas de contestations qui ne pussent être décidées par jugement, il voulait qu'on eût recours, non à la bataille ou au duel, mais au jugement de la croix; pratique bizarre et insensée, en vertu de laquelle on devait donner gain de cause à celui qui tenait le plus long-temps les bras étendus et immobiles devant l'autel. » *(Millot)*.

Charles et Pépin étant morts, Charlemagne associa à l'empire Louis, qui fut surnommé le *Débonnaire*, et qui lui succéda. Enfin, parvenu à l'âge de 72 ans, et après un règne de 48 comme roi de France, et de 11 comme empereur d'Occident, ce grand homme mourut, laissant un nom qu'aucun de ses successeurs n'a pu effacer. Peu d'hommes ont été aussi bien partagés que lui des biens de la fortune et de ceux de la nature. On ne peut, dit *Mezerai*, entendre le nom de ce prince sans concevoir aussitôt quelque grande idée. Il était d'une taille avantageuse, haute de sept de ses pieds, et bien formé en toutes ses parties, hormis qu'il avait le cou un peu trop gros, et le ventre trop en devant. Sa démarche était grave et ferme, sa voix tant soit peu claire ; il avait les yeux bien fendus et brillans, le nez long et aquilin, le visage gai et serein, le teint frais et vif, rien d'efféminé dans son geste et son port, mais rien de superbe et de fastueux ; l'esprit doux, facile, jovial, la conversation aisée et familière. Il était humain, courtois, libéral, actif, laborieux, vigilant et fort sobre, quoique le jeûne lui fît mal ; ennemi mortel des flatteurs et de la vanité, il haïssait le luxe et les modes nouvelles et étrangères, et s'habillait fort modestement, si ce n'était dans les cérémonies publiques, où la majesté de l'état doit paraître dans son souverain. Durant ses repas, il se faisait lire l'histoire des rois ses prédécesseurs, ou quelques livres de saint Augustin. Il prenait deux ou trois heures de repos après dîné ; mais il interrompait son sommeil la nuit, se levant deux ou trois fois pour étudier ou pour prier Dieu. Il écoutait les différends, et rendait justice à toute heure, même en s'habillant. Il passait le printemps et l'été à la guerre, une partie de l'automne à la chasse, l'hiver dans les conseils et dans les occupations du gouvernement ; quelques heures du jour et de la nuit à l'étude des lettres, principalement de la grammaire, de l'astronomie et de la théologie ; aussi était-il un des plus savans et des plus éloquens hommes de son siècle, au jugement même de ceux qui passaient pour tels : avec cela il se montrait clément, miséricordieux et aumônier. Il nourrissait les pauvres jusqu'en Syrie, en Egypte et en Afrique, et employait ses trésors à récompenser les gens de guerre et les gens doctes ; à bâtir des ouvrages publics, des églises et des palais ; à réparer les ponts, les chaussées et les grands chemins ; à rendre les rivières navigables, à nétoyer les ports et les garnir de bons navires ; à civiliser les nations barbares, à porter le nom de la nation française avec éclat dans les royaumes les plus éloignés. »

« Sa gloire serait sans tache, ajoute le même historien, comme elle est sans pareille, s'il n'avait pas eu de l'incontinence pour les femmes, et un peu trop d'indulgence pour la mauvaise conduite de ses maîtresses et de ses filles. » « Cinq femmes et quatre concubines que l'histoire lui donne, dit *Millot*, paraissent autoriser ces reproches ; mais ce qui se nommait alors concubinage était une sorte de ma-

riage moins solemnel, quoique légitime. »
Le reproche le plus vrai qu'on puisse lui adresser, et la tache la plus réelle qu'il ait faite à sa gloire, est de s'être montré une fois trop cruel : rien ne l'excuse d'avoir fait périr quatre mille cinq cents Saxons qui étaient en sa puissance, et qui demandaient grace. Il est vrai que ce peuple perfide s'était fait un jeu de le tromper chaque fois qu'il l'avait pu, et qu'il avait fait tout ce qui était en son pouvoir pour pousser à bout la générosité du vainqueur le plus clément; mais Charlemagne était alors le maître, il allait anéantir en quelque sorte cette nation en la dispersant; il eût été beau de lui pardonner, et c'était une férocité horrible que de répandre son sang quand elle ne pouvait plus se défendre. Voilà la faute véritable, ou, pour mieux dire, le crime que Charlemagne n'a pu se faire pardonner par quarante-huit ans de gloire et de vertus.

SUGER,

ABBÉ DE SAINT-DENIS, ET RÉGENT DE FRANCE SOUS LOUIS VII,

Né l'an 1082, et mort en 1152.

SUGER naquit l'an 1082, de parens pauvres et inconnus, qui le consacrèrent, dans sa dixième année, à l'état monastique, suivant la coutume de ces temps d'ignorance, où il était permis de disposer de la vie d'un homme qui n'avait encore aucune volonté. Ce fut dans l'abbaye de Saint-Denis, alors une des plus considérables, que cette consécration eut lieu. Suger eut l'avantage de se trouver dans ce monastère avec le jeune *Louis*, depuis surnommé *le Gros*, fils de Philippe I, alors régnant : ce fut là l'origine de sa fortune. Sans cette rencontre, il n'eût été qu'un moine ignoré. Louis le distingua parmi les jeunes gens qui se trouvaient dans l'abbaye ; et Suger, qui avait de l'esprit,

T. II. Pag. 370.

Suger.
Saladin.
Petrarque.
Du Guesclin.
Charles V.
Côme de Medicis.

sans doute de l'ambition et un caractère insinuant, ne manqua pas l'occasion de chercher à plaire au jeune prince. Il y réussit si bien, que Louis, revenu à la cour, n'oublia pas son favori du couvent : il lui donna d'abord quelques emplois, dont le jeune moine s'acquitta avec succès ; ce qui fit juger au prince qu'il était capable de remplir les charges les plus importantes. Peu-à-peu il vint à lui accorder toute sa confiance, et il n'entreprit rien dans la suite sans le consulter. Suger possédait tout ce qui fait l'homme de cour. L'abbé de Saint-Denis, nommé *Adam*, voyant que son jeune moine plaisait, le produisit autant qu'il put, et s'appliqua à le former aux grandes affaires, pour lesquelles il lui voyait de rares dispositions.

Louis le Gros étant devenu roi en 1108, Suger vit son crédit augmenter considérablement à la cour : l'abbé Adam, en courtisan habile, voyant son élève si avant dans les bonnes graces du roi, voulut, pour complaire à ce prince, revêtir Suger des premières dignités de l'abbaye. Pour cet effet, quoiqu'il n'eût encore que 28 ans, il le fit prévôt de Berneval et de Toury; c'étaient les deux charges les plus importantes de la maison. Ces emplois, aussi commodes qu'honorables, donnaient à l'heureux moine qui en était pourvu, beaucoup de liberté, et le dispensaient de la triste vie du cloître. Suger n'y trouva cependant pas tout l'agrément qu'il aurait pu espérer : il y avait dans le voisinage un baron *du Puiset*, qui, de son château bien fortifié, faisait des courses sur les terres de ses voisins, les ravageait, et venait se renfermer ensuite dans sa citadelle, où il ne craignait personne. Les possessions de l'abbaye souffraient plus que toutes les autres des incursions de ce puissant et fâcheux voisin. Ce trait, en passant, donne une idée de ce qu'étaient les nobles dans ces temps de barbarie : les plus riches n'étaient volontiers que des brigands qui, à la tête de leurs vassaux, espèce d'animaux sous leur pouvoir absolu, commettaient sans scrupule tous les crimes dont ils pouvaient espérer l'impunité. La France était ainsi partagée entre une foule de petits tyrans qui n'avaient d'autres lois que leur

leur volonté, se déchiraient entre eux, et se moquaient du roi même, que le plus souvent ils reconnaissaient plutôt pour la forme que pour le droit. Le baron du Puiset était de ces derniers.

Suger ne se sentant pas assez fort pour l'attaquer à la tête des vassaux de la dépendance de Toury, mit en jeu différentes intrigues, et parvint à faire prendre son parti au roi. Louis vint en personne à la tête d'une petite armée, et eut la honte d'être battu par le brigand du Puiset. Il le vainquit enfin, et fit raser son repaire. C'était ce que demandait Suger. Mais l'adroit baron fit si bien qu'il rentra en grace, et obtint la permission de relever son château, ses tours et ses remparts. A peine se vit-il de nouveau en force, qu'il recommença les hostilités. Le roi revint se faire battre, et vainquit une seconde fois. Du Puiset prit la fuite, et vit encore son château ruiné. Suger se crut enfin hors de danger, et s'en fut à Rome (l'an 1112) pour assister à un concile. Mais du Puiset, que rien n'abattait et qui ne pouvait oublier son ennemi, remua tant qu'il rentra encore en grace, se fortifia de nouveau et fit la guerre avec une nouvelle vigueur, comme s'il n'eût pas deux fois été sur le bord de l'abyme.

Suger n'en fut pas plutôt averti, qu'il quitta Rome et revint à Toury. Honteux d'implorer toujours en vain le secours du roi, il essaya cette fois de combattre avec ses propres forces ; mais du Puiset ayant, au mépris de la fidélité et de la reconnaissance qu'il devait au roi, fait entrer des Anglais en France, Louis vint encore contre lui, et mit enfin pour toujours en fuite cet obstiné baron, qui, ne pouvant plus rentrer chez lui, fut se faire tuer en Palestine, avec les croisés.

Cette petite guerre, qui dura plusieurs années, donna une nouvelle considération à Suger. Il fut envoyé, dans ces temps, au-devant du pape *Gélase*, qui, après la mort de Paschal, vint implorer le secours du roi de France contre les persécutions de l'empereur Henri V. A son retour, Suger fut élu abbé de St.-Denis, l'abbé Adam venant de mourir.

Le roi voulant se l'attacher encore davantage, lui donna des emplois plus importans que ceux qu'il avait déjà obtenus : il eut l'intendance de la justice, et la rendit dans son abbaye avec autant d'exactitude que de sévérité. Les affaires de la guerre et les négociations étrangères étaient encore de son département : son esprit actif et laborieux suffisait à tout. Les affaires de l'état ne lui firent point oublier celles de son abbaye : jusqu'alors il avait montré plus d'ambition que de religion, et s'était conduit plus en homme de plaisir et de cour, qu'en moine que son état appelait à la pénitence et à la retraite : il commença par réformer sa conduite le premier, et réforma ensuite celle de ses moines, qui en avait besoin ; car les couvens alors étaient la plupart de véritables pépinières de tous les vices. Il trouva bien des difficultés dans cette entreprise, mais enfin il y réussit. Il fit transporter ailleurs l'administration de la justice, et *les gens du monde* n'eurent plus si facilement accès à l'abbaye. Déjà vieux, il songeait même à se renfermer entièrement dans son cloître, lorsqu'il fut, au contraire, appelé à jouer le plus grand rôle qui lui restait à remplir.

Louis VI, dit *le Gros*, était mort; Louis VII lui avait succédé, et avait continué Suger dans ses emplois et dans la faveur dont il avait joui jusqu'alors. Dans ces temps-là, saint Bernard, qui, par son zèle enthousiaste et plus conforme à l'esprit de son siècle qu'à la raison, s'était acquis une grande célébrité, vint, d'après une bulle du pape, prêcher une nouvelle croisade en France. Le jeune roi s'empressa de prendre la croix, et fut imité par un grand nombre de Français qui se disposèrent à marcher sous ses ordres vers la Palestine. Suger, qui prévoyait que les suites d'un voyage si long ne pouvaient qu'être préjudiciables à l'état, fit tout ce qui fut en son pouvoir pour en détourner le roi, et ne put réussir. Le roi, avant son départ, convoqua une assemblée à Étampes, pour y faire choix d'un ministre qui gouvernât le royaume pendant son absence. Suger lui fut désigné; mais celui-ci, qui avait déjà soixante ans, et qui ne respirait que la retraite, se défendit de tout son pouvoir d'accepter un emploi aussi important. Ce ne fut qu'à l'ordre du pape qu'il se rendit. Quoiqu'il eût accepté avec répugnance, il n'en gouverna pas avec moins de zèle. Il eut besoin de fermeté pour résister à ses envieux et aux ennemis de l'état ; mais son caractère était un heureux composé de douceur et de sévérité, qui se tempéraient mutuellement, et en faisaient un homme qui ne cédait ni ne nuisait à autrui en demeurant ferme. Ce qui arriva de plus considérable pendant sa régence, fut de déjouer les projets de *Robert*, comte de Dreux, frère du roi, qui avait formé le projet de se mettre sur le trône. Suger agit dans cette affaire avec tant de prudence, qu'il fit avouer au comte lui-même son dessein criminel, avant qu'il n'eût rien encore entrepris. Il fit des réglemens sévères contre ceux qui, profitant des désordres du moment, s'emparaient des biens de l'église ou des particuliers. La brigue non plus que le crédit de ceux qui étaient en place, ne put rien sous son ministère. Il ménagea le trésor royal avec tant d'économie, que, sans charger les

3

peuples, il trouva le moyen d'envoyer de l'argent au roi toutes les fois qu'il lui en demanda. La réputation de sa sagesse était répandue chez les étrangers. Henri, roi d'Angleterre, le prit pour arbitre du démêlé qu'il eut avec la France. Robert, roi de Sicile, ayant appris qu'il devait passer sur ses terres, vint au-devant de lui. David, roi d'Ecosse, lui envoya une ambassade pour lui demander son amitié. Il sut faire respecter l'autorité que le roi lui avait confiée, et maintint le gouvernement en si bon ordre que Louis, à son retour, après deux ans et quatre mois d'absence, lui donna publiquement le nom de *Père de la patrie*, et lui conserva, au titre de régent près, la même puissance.

Les troupes immenses, mal disciplinées et mal conduites, qu'on avait amenées vers la Palestine, y étaient presque toutes péries; et ce mauvais succès avait tellement découragé les chrétiens d'Occident, qu'ils paraissaient totalement abandonnér les intérêts de ceux qui se trouvaient en Orient. Suger, se sentant animé d'un nouveau zèle, voulut traverser à son tour les mers. Il serait sans doute déraisonnable de lui faire un reproche d'avoir partagé les idées et le délire de tous ses contemporains : c'était beaucoup pour lui qu'une piété mal entendue ne lui eût point, au précédent voyage, fait méconnaître le véritable intérêt de l'état ; d'ailleurs, les vues de ce grand homme étaient plus saines que celles des chefs qui l'avaient devancé : il ne voulait point emmener une multitude composée de toutes sortes de gens qui se nuisent entre eux, et qui sont un véritable embarras pour un général ; Suger ne demandait que douze mille hommes seulement, mais tous d'élite et déjà aguerris, sur lesquels enfin on pouvait compter. Ce petit renfort lui paraissait suffisant pour ranimer les débris des troupes restées en Orient, et poursuivre la guerre. Il est probable qu'il comptait que l'exemple qu'il donnait en France serait suivi par les autres peuples d'Europe, et qu'on enverrait enfin, pour la première fois, contre les Sarrazins, des troupes formidables, non par leur nombre, mais par leur discipline et leur courage. Déjà sa petite armée était prête, et il se disposait à partir, lorsque la mort vint mettre fin à sa carrière et à ses projets. Ce fut le 13 janvier, l'an 1152, qu'il expira. Il était dans sa soixante-treizième année. Le roi honora ses funérailles de sa présence, et témoigna par ses larmes combien il était sensible à la perte qu'il faisait d'un si sage et si fidèle ministre. La France le regretta, comme celui qui méritait à juste titre le nom de *Père de la patrie*.

SALADIN,

SULTAN D'ÉGYPTE ET DE SYRIE,

Né en 1136, et mort en 1193.

TANDIS que les chrétiens d'Europe couraient en insensés et en véritables barbares dans l'Orient, il se trouva dans ces contrées un prince qui, en se rendant leur vainqueur, eût pu leur apprendre ce qu'étaient la véritable piété, la générosité et la sagesse. Ce prince était *Saladin* ou *Salaheddin*, sultan d'Égypte et de Syrie. Curde d'origine, il était parvenu à l'empire par sa valeur et par la prudence de sa conduite. Ce fut dans les armées de *Noradin*, souverain de la Syrie et de la Mésopotamie, qu'il commença à se distinguer ; et sa réputation devint si brillante, qu'*Adad*, calife des Fatimites en Égypte, ayant demandé du secours à Noradin, ce prince crut ne pouvoir mettre à la tête de l'armée qu'il envoyait en Égypte, de plus habiles généraux que Saladin et un de ses frères qui marchait à côté de lui dans la carrière militaire. En arrivant à la cour d'Adad, Saladin obtint les charges de visir et de général des armées. Adad étant mort quelque temps après, le visir se fit déclarer souverain de l'Égypte, et gouverna avec tant de sagesse et de douceur, qu'on s'apperçut à peine qu'il était un usurpateur. Noradin ayant survécu de peu à Adad, Saladin se déclara tuteur du fils de ce prince. Le commencement de son règne fut marqué par des établissemens utiles : il réprima la rapacité des juifs et des chrétiens employés dans les fermes des revenus publics et dans les fonctions de notaires.

« Après avoir donné des lois sages, il conquit la Syrie, l'Arabie, la Perse et la Mésopotamie, et marcha vers Jérusalem qu'il voulut enlever aux chrétiens. *Renaud de Châtillon* avait traité avec le dernier mépris les ambassadeurs que le prince musulman lui avait envoyés pour demander quelques prisonniers : Saladin jura de venger cette injure, et livra bataille aux chrétiens en 1187, auprès de Tibériade, avec une armée de cinquante mille hommes. Il eut la gloire de vaincre et de faire plusieurs illustres prisonniers, parmi lesquels était *Gui de Luzignan*, roi de Jérusalem. Le monarque captif, qui ne s'attendait qu'à la mort, fut étonné d'être traité par Saladin comme aujourd'hui les prisonniers de guerre le sont par les généraux les plus humains. Le vainqueur lui présenta une coupe de liqueur rafraîchie dans la neige. Le roi, après avoir bu, voulut donner sa coupe à Renaud de Châtillon ; mais Saladin avait juré de le punir, et, montrant qu'il savait se venger comme pardonner, il lui abattit la tête d'un coup de sabre. Saladin marcha quelques jours après vers Jérusalem, qui se rendit par capitulation, le 2 octobre de la même année. Sa générosité y éclata de diverses manières : il permit à la femme de Luzignan de se retirer où elle voudrait ; il n'exigea aucune rançon des Grecs qui demeuraient dans la ville. Lorsqu'il fit son entrée dans Jérusalem, plusieurs femmes vinrent se jeter à ses pieds, en lui demandant les unes leurs maris, les autres leurs enfans où leurs pères qui étaient dans les fers. Il les rendit avec une générosité qui n'avait pas encore eu d'exemple dans cette partie du monde. » (*Dict. historique.*)

Comme la religion était le prétexte de toutes ces guerres, Saladin montra un peu de cette dure intolérance qui caractérisait les chrétiens : il condamna ceux de cette religion qu'il avait entre les mains à laver eux-mêmes, avec de l'eau rose, la mosquée qui avait été changée en église. Il y plaça une chaire magnifique, à laquelle

Noradin, soudan d'Alep, avait travaillé lui-même, et fit graver sur la porte : *Le roi Saladin, serviteur de Dieu, mit cette inscription après que Dieu eut pris Jérusalem par ses mains.* Il établit ensuite des écoles musulmanes. Malgré son attachement au mahométisme, il rendit aux chrétiens orientaux l'église du *Saint-Sépulchre*, à la seule condition que les pélerins y viendraient sans armes et en payant un certain droit. Les chrétiens d'alors n'eussent certainement pas montré à l'égard des musulmans cette modération ni cette tolérance : leur zèle, aussi furieux qu'aveugle, leur eût fait croire qu'une pareille permission était un sacrilége devant Dieu.

« Il déchargea plusieurs milliers de pauvres de la taxe portée par la capitulation, fournit de ses trésors aux besoins des malades, et paya à ses troupes la rançon de tous les soldats chrétiens. »

« Cependant le bruit de ses victoires avait répandu l'épouvante en Europe. Le pape Clément III remua la France, l'Angleterre, l'Allemagne, pour armer contre lui. Les Chrétiens qui s'étaient retirés à Tyr ayant reçu de grands secours, allèrent assiéger la ville de Saint-Jean-d'Acre, battirent les Musulmans, et s'emparèrent de cette ville, de Césarée et de Jafa, à la vue de Saladin, en 1191. Ils se disposaient à mettre le siége devant Jérusalem; mais la dissension s'étant mise entre eux, Richard, roi d'Angleterre, fut contraint de conclure une trève de trois ans et trois mois avec le sultan, en 1192, par laquelle Saladin laissa jouir les Chrétiens des côtes de la mer, depuis Tyr jusqu'à Joppé. Le sultan ne survécut pas long-temps à ce traité, étant mort un an après, en 1193, à Damas, âgé de 57 ans, après en avoir régné 24 en Égypte, et environ 19 en Syrie. »

« Ce prince était encore plus admirable par sa probité et par son humanité, que par sa bravoure. Il tenait lui-même son divan tous les jeudis, assisté de ses cadis, soit à la ville, soit à l'armée. Les autres jours de la semaine il recevait les placets, les mémoires, les requêtes, et jugeait les affaires pressées. Toutes les personnes, sans distinction de rang, d'âge, de pays, de religion, trouvaient un libre accès auprès de lui. Son neveu, *Teki-Eddin*, ayant été cité en jugement par un particulier, il le força de comparaître. Un certain *Omar*, marchand d'Ackhlat, ville indépendante de Saladin, eut même la hardiesse de présenter une requête contre ce monarque, devant le cadi de Jérusalem, à l'occasion d'une esclave dont il réclamait la succession que le sultan avait recueillie. Le juge étonné, avertit Saladin des prétentions de cet homme, et lui demanda ce qu'on devait faire. *Ce qui est juste*, répondit le sultan. Il comparut au jour nommé, défendit lui-même sa cause, la gagna ; et, loin de punir la témérité de ce marchand, il lui fit donner une grosse somme d'argent, le récompensant d'avoir eu assez bonne opinion de son intégrité pour oser réclamer sa justice devant son propre tribunal, et sans craindre qu'elle y fût violée. Ses sujets connaissaient sa bonté, et ils ne craignaient pas de l'importuner à toutes les heures de leurs querelles particulières. Un jour ce prince, après avoir travaillé tout le matin avec ses émirs et son ministre, s'était écarté de la foule pour prendre quelque repos : un esclave vint dans cet instant lui demander audience. Saladin lui dit de revenir le lendemain. *Mon affaire*, répondit l'esclave, *ne souffre aucun délai*; et il lui jeta son mémoire presque au visage. Le sultan ramassa ce papier sans s'émouvoir, le lut, trouva la demande équitable, et accorda ce qu'on sollicitait. »

« La modération de ce prince a fourni à l'histoire un de ces petits faits que Plutarque n'aurait pas négligé de recueillir. Deux Mamelucks se disputant à quelques pas de lui, l'un d'eux jeta sa pantoufle contre l'autre. Celui-ci ayant esquivé le coup, la pantoufle alla frapper le sultan; mais ce prince, feignant de ne s'en être pas apperçu, se tourna d'un autre côté, comme pour parler à un de ses généraux, afin de n'être pas forcé de punir l'auteur de cette action. »

» Ce prince philosophe avait une idée juste des grandeurs humaines : il voulut qu'on portât dans sa dernière maladie, au lieu du drapeau qu'on élevait devant sa porte, le drap qui devait l'ensevelir. Celui qui tenait cet étendard de la mort criait à haute voix : *Voilà tout ce que Saladin, vainqueur de l'Orient, emporte de ses conquêtes.* Par son testament, il laissa des distributions égales d'aumônes aux pauvres mahométans, juifs et chrétiens; voulant donner à entendre par cette disposition, que tous les hommes sont frères, et que, pour les secourir, il ne faut pas s'informer de ce qu'ils croient, mais de ce qu'ils souffrent. » *(Extrait de la Vie de Saladin par Martin.)*

PÉTRARQUE,

CÉLÈBRE POÈTE ITALIEN,

Né en 1304, et mort en 1374.

FRANÇOIS PÉTRARQUE naquit à Arezzo, en 1304, de Pétrarque Parenze. Ses parens avaient été chassés de Florence quatre ans auparavant, par la faction des

Gibelins. Obligés de quitter entièrement l'Italie, ils vinrent en France, à Avignon, qui était alors la cour du pape, et envoyèrent leur fils à Carpentras, pour y faire ses premières études; de là, le jeune Pétrarque fut à Montpellier, et ensuite à Boulogne, pour étudier le droit. Ayant goûté dès-lors les charmes de Virgile, de Cicéron, de Tite-Live, il conçut la plus grande aversion pour la jurisprudence. « Quel intérêt, écrivait-il à ses amis, puis-je prendre à mille questions dans les écoles? savoir, par exemple, s'il faut sept témoins pour un testament, si l'enfant d'un esclave est un bien acquis pour le maître; et ainsi des autres points qu'on traite dans les assemblées de nos jurisconsultes? Tout cela me paraît inutile, insipide et insoutenable. »

Ayant appris la mort de ses parens, que la peste avait enlevés, il quitta cette étude qui lui déplaisait tant, et revint à Avignon, d'où la contagion le chassa aussitôt. Il se retira dans une solitude charmante auprès de la ville, à Vaucluse, que la nature et les vers de notre poète ont rendue si célèbre. Il y possédait quelques biens. C'était là que l'amour l'attendait, et qu'il devait puiser cette passion à laquelle il consacra sa vie et son génie. Le Vendredi saint de l'an 1327, il était à l'office du matin dans l'église de Sainte-Claire ; une jeune personne priait à peu de distance de lui : sa taille, son air, sa figure, tout l'émeut vivement ; il sent couler dans son cœur ce feu que les ames sensibles sont seules en état de connaître : ce n'est point un sentiment grossier, qui ne vit que par les desirs ; c'est un mélange de douces sensations et de respect qu'il éprouve, ainsi que les ferait naître la présence même d'un être céleste. Tel fut son état à la première vue de *Laure*, ou *Laurette*, fille de *Henri Chabeau*, seigneur de Cabrières. Cette aimable jeune personne n'avait alors guère plus de douze ans ; Pétrarque n'en avait que vingt-trois, et réunissait à une imagination vive et à un cœur ardent les principaux avantages de la nature, une figure intéressante, une physionomie animée et des yeux spirituels. Il est probable que, frappé du trait qui venait de le vaincre, il chercha à ne point perdre de vue celle qui le captivait : il la suivit de loin lorsqu'elle retourna chez son père, à une demi-lieue de là. Elle s'était levée de grand matin, avait été visiter plusieurs lieux d'alentour marqués par la dévotion, et, se trouvant fatiguée, elle se reposa sous un arbre au bord d'un ruisseau. Ce fut là que Pétrarque la joignit ; elle lui parut plus belle encore qu'il ne l'avait vue : pressé par ce sentiment qui l'entraîne, il l'aborde, lui parle, lie connaissance avec elle, et lui offre sa main pour la reconduire.

Qu'on remarque l'âge des deux amans, celui des premières illusions, le lieu romantique où ils se trouvaient, la ferveur dévote même qui les animait en ce jour ; qu'on n'oublie pas que Pétrarque était d'une humeur un peu mélancolique et qui aimait à se nourrir de douces rêveries, et l'on ne sera nullement étonné de la longue passion qui le domina. Ce fut à cette passion que nous devons ces vers pleins de sentiment qui ont commencé la réputation de la langue italienne, et qui ont assuré celle du poète. Cet amour devint bientôt célèbre, au point que le pape d'alors, Jean XXII, qui prenait intérêt au jeune Pétrarque, l'engagea à épouser Laure : mais le poète avait une manière de penser différente de celle des autres hommes ; il craignit d'affaiblir le sentiment si pur qui l'animait, et préféra d'aimer toujours, à posséder quelques instans. Laure, de son côté, l'aima, mais comme il desirait de l'être, sans jamais lui permettre rien au-delà du sentiment même dont il se glorifiait.

Peu-à-peu cet amour devint paisible, et resta dans le cœur de Pétrarque comme une sorte d'inspiration de bonheur, et comme un aiguillon qui le porta à se distinguer, pour mériter d'être plus estimé encore de sa maîtresse. Il se livra alors tout entier à l'étude des belles-lettres, et sur-tout aux charmes de la poésie, qui le maîtrisaient peut-être plus encore que l'amour. Uni d'amitié avec les premières personnes de la cour du pape, et sur-tout avec les *Colonnes*, il fit avec eux plusieurs voyages, et revint auprès du pape, qui l'honora de différens emplois. Mais la solitude de la campagne, celle de Vaucluse sur-tout, avait pour lui plus d'attraits que l'ambition ; il vint s'y fixer près de celle qui faisait le sujet de ses chants, et ce fut à cette époque qu'il fit le plus grand nombre des sonnets qui composent la première partie de son recueil, et quelques autres poëmes.

Sa réputation croissant tous les jours, il fut recherché par tout ce qu'il y avait alors de plus grand dans l'Europe éclairée. Il reçut le même jour, et à la même heure, deux lettres, l'une du roi *Philippe*, écrite par son chancelier, et l'autre du sénateur de Rome, par lesquelles on lui offrait la couronne de laurier comme au premier poète de son siècle. Il avait à choisir entre Rome et Paris ; il préféra d'aller dans la première ville recevoir le prix de son talent. Il partit donc l'an 1341, il avait alors 37 ans ; il passa par Naples, où il reçut de grands honneurs : le roi *Robert*, qui était un prince savant et ami des beaux-arts, l'engagea par toutes sortes de moyens à recevoir la couronne dans sa capitale.

Pétrarque s'en défendit civilement, et poursuivit sa route pour Rome. Je donnerai ici une esquisse du triomphe de ce poète, pour montrer quel respect on portait à la science, dans ces temps où la première barbarie commençait à peine à se dissiper. Aujourd'hui que l'on est plus éclairé, on est loin de lui rendre les mêmes honneurs. L'art des vers, sur-tout, est si commun, que le moindre écolier se croit maintenant poëte : c'est la raison pourquoi ce bel art est presque tombé dans le mépris, et que nous voyons si peu de chefs-d'œuvre. Les gens qui font de mauvais vers sont peu en état de juger des bons ; les vrais poètes sont rebutés, et le vulgaire, qui ne forme jamais son opinion que d'après l'impulsion qu'on lui donne, voit tant de misérables auteurs, qu'il finit par ignorer si les bons méritent quelque estime. Revenons à Pétrarque.

Ce fut le jour de Pâques qu'il arriva à Rome. Le matin il entendit à Saint-Pierre, la messe qui fut célébrée par le vice-légat ; ensuite un évêque, accompagné de la noblesse romaine, le conduisit au palais des seigneurs Colonnes, où il y eut un dîner magnifique. Dans l'après-dînée le vice-maître de cérémonies fit lire publiquement quelques-uns des ouvrages de Pétrarque, et prononça son éloge. On revêtit ensuite le poète de ses habits de triomphe. Cette toilette mérite une description. On lui mit au pied droit le cothurne tragique, et le socque comique au pied gauche; on lui couvrit le corps d'une robe de velours bordée d'or, à longue queue, et plissée autour du cou; une ceinture enrichie de diamans la retint sur la poitrine. Par-dessus cette robe on en mit une de satin blanc, habit des empereurs dans leurs triomphes. On plaça sur sa tête une mître de brocard d'or, et à son cou une chaîne de même métal, à laquelle pendait une petite lyre d'ivoire. Une jeune fille couverte d'une peau d'ours, et tenant de la main gauche un flambeau allumé, portait la queue de sa robe.

Le poète ainsi revêtu, descendit dans la cour du palais, où il trouva un char tissu de lierre, de laurier et de myrte, et orné sur les côtés d'un drap d'or dont la broderie représentait le mont Parnasse, les Muses, Apollon, Orphée, Homère, Virgile et plusieurs autres poètes illustres. Pétrarque monta sur ce char, et s'assit dans un fauteuil exhaussé, et que soutenaient les figures d'un lion, d'un griffon, d'un éléphant et d'une panthère. Près de lui étaient du papier, de l'encre, des plumes et des livres. Une infinité d'enfans représentant les Amours, couraient autour du char avec les trois Graces et Bacchus. Le Travail, sous la figure d'une femme vêtue de bure, marchait devant, et chassait à coups de fouet une femme qui représentait la Paresse. La Pauvreté et la Dérision, habillées de peaux de sangliers, suivaient le char. L'Envie se trouvait aussi de la compagnie ; c'est la fidelle suivante de tous les grands talens. Deux chœurs de musique venaient ensuite, et se trouvaient mêlés avec des troupes de Satyres et de Nymphes qui dansaient et chantaient les louanges du poète.

Ce fut avec ce cortége que Pétrarque traversa Rome, et qu'il monta au Capitole. Toutes les rues par lesquelles il devait passer

étaient

étaient richement tapissées et semées de fleurs. Les temples étaient ouverts, les places pleines d'une multitude de monde, et toutes les dames, vêtues comme aux plus grandes fêtes, étaient aux fenètres, et jetaient des fleurs et des parfums sur le char et le poète. Le bonheur et la joie ne sont jamais sans mélange : une femme s'étant trompée, prit une bouteille d'eau forte au lieu d'une bouteille d'odeur, et la laissa répandre précisément sur la tête de Pétrarque, ce qui le rendit chauve pour le reste de sa vie.

Malgré ce petit accident, la cérémonie se continua comme elle avait commencé. Lorsque l'on fut au Capitole, Pétrarque fit un discours, à la fin duquel on le proclama poète : on lui mit sur la tète trois couronnes ; la première de lierre, la seconde de laurier, et la troisième de myrte. *Orzo*, comte d'Aguillare, qui pour lors était sénateur de Rome, lui donna un rubis du prix de cinq cents ducats d'or. Ensuite on l'emmena à part, et on lui fit faire des armes, cérémonie qui avait probablement un motif, quoiqu'elle parût fort étrangère au caractère du triomphateur. On reconduisit, après cela, le poète devant le peuple, qui lui fit un présent de cinq cents ducats d'or, en reconnaissance de ce qu'il avait préféré Rome à Paris. La cérémonie étant achevée, il remonta sur son char, et fut au Vatican rendre grace à Dieu, et assister aux derniers offices de l'église. En sortant du Vatican, il vint chez le seigneur Étienne Colonne, où on lui donna un souper splendide. La plus grande partie de la nuit fut donnée aux plaisirs, et sur-tout au bal; où le poète dansa avec les premières dames de l'assemblée. Telle fut une de ces fêtes par lesquelles les peuples qui commençaient à goûter les charmes des lettres renaissantes honoraient le génie, et l'invitaient puissamment à faire de nouveaux efforts. Les honneurs que l'on rendit à Pétrarque et à quelques autres poètes de ces temps, valurent peut-être à l'Italie moderne le Tasse et l'Arioste, qui ont illustré sa littérature : les hommes se portent toujours de préférence où les distinctions les attendent; voilà ce qui leur fait faire les premiers efforts, et ce n'est qu'après cet essai qu'ils connaissent leur génie.

Pétrarque, après son triomphe, s'en alla à Parme, et de là à Padoue, où on lui donna un canonicat. Ce fut dans cette ville qu'il apprit la mort de Laure, qui n'avait encore que 31 ans. Cette nouvelle lui fit une impression si vive, qu'il se serait laissé mourir de douleur, si ses amis n'eussent employé toutes sortes de moyens pour le distraire et l'attacher encore à la vie. La longue habitude qu'il avait d'aimer cette dame, à laquelle il rapportait presque tous ses travaux littéraires, lui fit sentir douloureusement qu'elle n'existait plus, quoiqu'auparavant il eût souvent vécu loin d'elle, et qne jamais il n'en eût obtenu aucune de ces faveurs que recherchent avant tout les amans vulgaires. Croyant ne pouvoir trouver de repos que dans le lieu où il avait vu celle qu'il pleurait, il revint à Vaucluse, et passa les momens de sa nouvelle solitude à composer la seconde partie de ses sonnets, où il déplore la perte qu'il venait de faire. Tous ses chants ont le charme de cette mélancolie qui attriste doucement, attache, et nous fait faire une sorte de retour sur nous-mêmes. Enfin, sentant le besoin d'éloigner de son esprit les sombres idées qui s'y étaient fixées, il prit la résolution de voyager, et erra ainsi pendant douze ans, allant de ville en ville, de cour en cour, et recevant partout un accueil égal à son mérite. *Galeazzo Visconti*, souverain de Milan et de Padoue, voulant l'arrêter à sa cour, lui donna une charge de conseiller d'état, qu'il exerça à la satisfaction de tout le monde. A 65 ans il voulut aller demeurer aux environs de Padoue, dans un lieu champêtre qu'il avait remarqué. En cet endroit, il s'amusa à composer un traité moral sur la manière de soutenir l'une et l'autre fortune ; ce traité est intitulé : *De remediis utriusque fortunœ*. Il en avait déjà fait plusieurs autres sur différens sujets, mais ce genre ne lui convenait pas, et ce qu'il composa fut indigne de sa réputation.

Les Florentins qui avaient chassé sa famille, crurent qu'il était honteux pour eux de laisser dans une sorte d'exil, par rapport à leur ville, un homme aussi illustre, et dont la présence ne pouvait que les honorer; ils le rappelèrent donc, en lui restituant son patrimoine, et lui envoyèrent des députés pour l'engager à venir achever ses jours dans la patrie de ses pères. Celui qui se trouvait à la tête de cette députation était *Boccace*, qui se distingua autant dans la prose, que Pétrarque s'était distingué par la poésie, et qui se plaisait à porter le titre de disciple de cet illustre poète. Pétrarque fut sensible à cet hommage, que l'étonnement de son siècle payait à son génie alors unique. Mais l'âge avait affaibli en lui le desir de jouir encore de sa gloire; il vivait heureux dans une retraite qu'il tenait des mains de l'amitié, et il y resta. Peu de temps après, en 1374, il mourut, âgé de 70 ans. L'étude avait occupé toute sa vie, et il expira en goûtant encore ses charmes : on le trouva mort dans sa bibliothèque, la tête appuyée sur un livre ouvert. Ses obsèques furent honorées de la présence des personnes les plus distinguées. On lui fit élever un mausolée de marbre blanc devant la porte de l'église d'Arqua; et sur l'un des quatre piliers qui portent le sarcophage, on grava ce distique qu'il avait fait :

Inveni requiem : spes et fortuna, valete !
Nil mihi vobiscum est; ludite nunc alios (1).

Pétrarque joignait aux plus rares talens les qualités les plus estimables; il fut fidèle à l'amitié, et plein de droiture et de probité au milieu des artifices de la cour. Il ne souhaitait ni ne méprisait les richesses. Passionné pour la gloire, il ne la rechercha pas avec cet empressement qui quelquefois déshonora ceux qui la méritaient, et qui, moins impatiens, en eussent joui d'une plus pure. D'un tempérament bilieux, il se laissa aller parfois au plaisir dangereux de critiquer ceux qui tenaient la puissance, sur-tout les papes. Il eut des envieux, cela devait être, mais il eut un plus grand nombre d'admirateurs. Malgré sa constance pour Laure,

(1) J'ai trouvé le repos : adieu, espérance, fortune ! vous n'êtes plus rien pour moi ; jouez-vous maintenant des autres mortels.

il n'aima pas qu'elle : il eut de ses autres amours un fils et une fille ; c'est le seul reproche qu'on puisse lui faire. Nous terminerons cet article, auquel nous avons donné quelque étendue, parce que c'est comme l'annonce de la renaissance des lettres en Europe, par un jugement assez juste sur notre poète, que l'on trouve dans l'*Année littéraire* (1779, n°. 8).

« Quand on songe, dit le journaliste, que Pétrarque écrivait au commencement du quatorzième siècle, et sans aucun modèle dans sa langue, on est étonné de ce qu'il a exécuté avec le seul secours de son génie. Non-seulement il a créé la poésie italienne, mais il l'a portée à un si haut point de perfection, que les grands poètes qui l'ont suivi ne l'ont point encore surpassé, du moins pour le coloris du style et les graces de l'expression. Ce n'est pas que Pétrarque ne conserve quelques traces de la barbarie de son siècle ; on peut lui reprocher de froides allégories, des jeux de mots puérils et des métaphores outrées. Il est quelquefois ingénieux et recherché, où il ne devrait être que simple et naturel : souvent il substitue l'esprit au sentiment ; mais ces taches légères sont effacées par la noblesse et les charmes du langage, par la hardiesse des tours, la douceur et l'harmonie des vers, la nouveauté des idées et des images. Pétrarque réunit le triple enthousiasme de la vertu, de l'amour et de la poésie. Il a donné à la tendresse un caractère de grandeur et de dignité. Les anciens ont peint l'amour comme une faiblesse ; l'amant de Laure l'a représenté comme un hommage pur, rendu à la vertu bien plus qu'à la beauté. Sa passion est noble, héroïque ; elle élève l'ame au lieu de l'amollir. Dans ses vers, les Graces sont toujours décentes ; il leur a donné une quatrième sœur qui est l'*Honnêteté*. Ce que Platon a conçu, Pétrarque l'a senti, l'a exprimé. Il a réalisé les brillantes chimères débitées par les disciples de Socrate sur la nature et les effets de l'amour. L'auteur de la *Nouvelle Héloïse*, qui savait si bien peindre le sentiment, a fait le plus bel éloge de Pétrarque en l'imitant : plus d'une fois l'amant de *Julie* s'est exprimé comme l'amant de Laure, et les échos des bords du lac ont répété ce que les bords de Vaucluse leur ont appris. »

FIN DU SECOND VOLUME.

De l'Imprimerie de B. IMBERT, Cloître Notre-Dame, nº. 35.

TABLE
DES NOMS

CONTENUS DANS LE SECOND VOLUME.

Fin de la table du second volume.

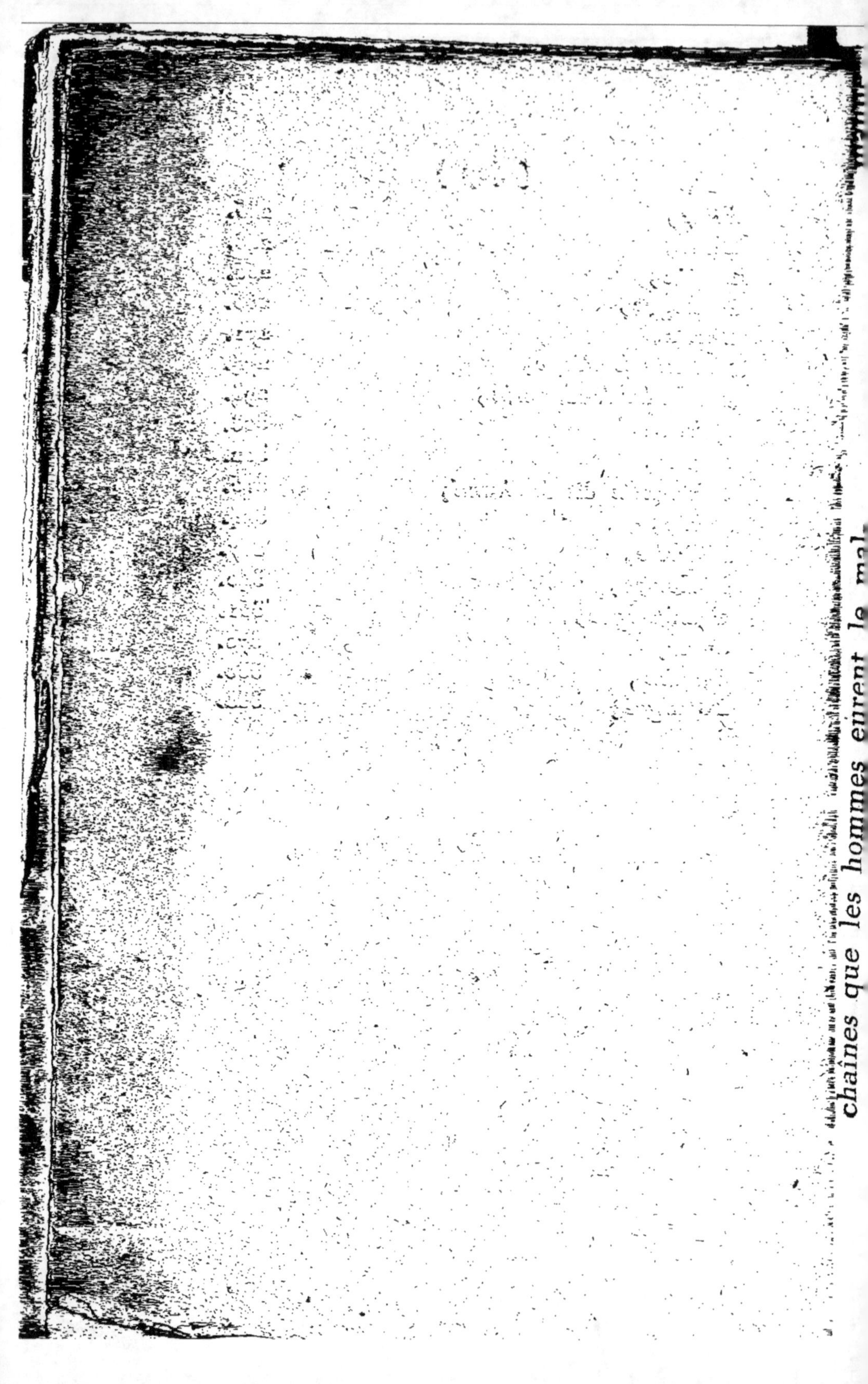

www.ingramcontent.com/pod-product-compliance
Lightning Source LLC
LaVergne TN
LVHW020559110826
845149LV00002B/310